Mathematik

Gymnasiale Oberstufe

Hessen

Grundkurs

3.1

Lösungen

Herausgegeben von

Dr. Anton Bigalke Dr. Norbert Köhler

Erarbeitet von

Dr. Anton Bigalke
Dr. Norbert Köhler
Dr. Horst Kuschnerow
Dr. Gabriele Ledworuski

Cornelsen

Umschlagfoto: PantherMedia

In den Marginalien wird die Seitennummer der Aufgabenstellung im Lehrbuch angezeigt. Beispiel: 11

Unter **www.cornelsen.de/bigalke-koehler** finden Sie Material, das die dem Buch beiliegende CD ergänzt. Die Buchkennung lautet: MBK57451. Im Passwort-geschützten Lehrerbereich liegen z. B. die Lösungen zu den Arbeitsblättern zum Download bereit: Einfach „Lehrer-Inhalte einblenden" anklicken und dann per Kundennummer als Lehrer identifizieren.

www.cornelsen.de

1. Auflage, 1. Druck 2010

Alle Drucke dieser Auflage sind inhaltlich unverändert und können im Unterricht nebeneinander verwendet werden.

Druck: CS-Druck CornelsenStürtz, Berlin

ISBN 978-3-464-57452-2

Inhalt gedruckt auf säurefreiem Papier aus nachhaltiger Forstwirtschaft.

Inhalt

I. Grundlagen der Integralrechnung
Die Möndchen des Hippokrates

11 1. Zunächst die rechte Figur:
Aus dem Quadrat (Kantenlänge 2a) sind 4 Viertelkreise (Radius a) abgetrennt.
Also $A = (2a)^2 - \pi a^2 = a^2(4-\pi)$
Linke Figur:
Hier ergänzen sich 2 abgetrennte Teile zur rechten Figur.
Daher: $A = (2a)^2 - 2a^2(4-\pi) = 2a^2(\pi - 2)$

2. Die grau markierte Fläche erhält man, indem man von der Gesamtfläche den Inhalt der rot umrandeten Kreisfläche abzieht.
Gesamtfläche: Quadrat + 4 Halbkreise: $(2a)^2 + 2a^2\pi$
roter Kreis: Radius $r = a\sqrt{2}$: $2a^2\pi$
Differenz: $(2a)^2$ = Quadratfläche

3. Es liegen 3 Sichelflächen vor, die ähnlich sind zum Möndchen des Hippokrates (S. 10).
Daher gilt: $A_2 = (\frac{a}{\sqrt{2}})^2 = \frac{a^2}{2} = A_3$, $A_1 = a^2 = A_2 + A_3$

4. Aus $a^2 + b^2 = c^2 \quad |\cdot\frac{\pi}{8}$ folgt: $\frac{1}{2}(\frac{a}{2})^2\pi + \frac{1}{2}(\frac{b}{2})^2\pi = \frac{1}{2}(\frac{c}{2})^2\pi$, d.h.: $H_a + H_b = H_c$
Die große Halbkreisfläche H_c hat den gleichen Inhalt wie die beiden kleinen Halbkreisfläche H_a und H_b zusammen.
Spiegelt man H_c an der Seite c, so decken sich die drei Halbkreise teilweise. Der verbleibende Rest muss also ebenfalls gleichen Inhalt besitzen:
Dreiecksfläche = Sichel A + Sichel B.

5. Rote Fläche = großer Halbkreis – Halbkreis mit $r = \frac{a}{2}$ – Halbkreis mit $r = \frac{b}{2}$
$A_r = \frac{1}{2}(\frac{a+b}{2})^2\pi - \frac{1}{2}(\frac{a}{2})^2\pi - \frac{1}{2}(\frac{b}{2})^2\pi = \frac{1}{4}ab\pi$
Nach Thales ist jedes Dreieck über dem Durchmesser mit der dritten Ecke auf dem Kreis rechtwinklig. Also ist c die Höhe eines solchen Dreiecks.
Höhensatz: $h^2 = qp$ bzw. $c^2 = ab$: $A_r = \frac{1}{4}ab\pi = \frac{1}{4}c^2\pi$

1. Die Streifenmethode des Archimedes

13 1. $U_{16} = \frac{1}{16}[(\frac{1}{16})^2 + (\frac{2}{16})^2 + \ldots + (\frac{15}{16})^2] = 0{,}3$
15 $O_{16} = \frac{1}{16}[(\frac{1}{16})^2 + (\frac{2}{16})^2 + \ldots + (\frac{15}{16})^2 + 1] = 0{,}37$

2.

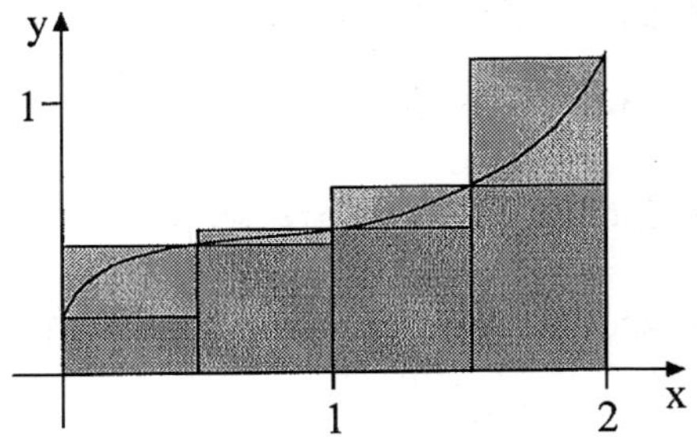

3. a) $U_4 = \frac{1}{4}[1+1+\frac{1}{4}+1+\frac{1}{2}+1+\frac{3}{4}] = \frac{11}{8}$, $O_4 = \frac{1}{4}[1+\frac{1}{4}+1+\frac{1}{2}+1+\frac{3}{4}+2] = \frac{13}{8}$ 15

$U_8 = \frac{23}{16}$, $O_8 = \frac{25}{16}$

b) $U_4 = \frac{3}{2}$, $O_4 = \frac{5}{2}$, $U_8 = \frac{7}{4}$, $O_8 = \frac{9}{4}$

c) $U_4 = \frac{7}{64}$, $O_4 = \frac{15}{64}$, $U_8 = \frac{35}{256}$, $O_3 = \frac{51}{256}$

d) $U_4 = \frac{63}{32}$, $O_4 = \frac{87}{32}$, $U_8 = \frac{275}{128}$, $O_8 = \frac{323}{128}$

e) $U_4 = \frac{11}{2}$, $O_4 = \frac{19}{2}$, $U_8 = \frac{51}{8}$, $O_8 = \frac{67}{8}$

f) $U_4 = \frac{49}{16}$, $O_4 = \frac{177}{16}$, $U_8 = \frac{1169}{256}$, $O_8 = \frac{2193}{256}$

4. a) $U_n = \frac{3}{2} - \frac{1}{2n} \underset{n\to\infty}{\to} \frac{3}{2}$, $O_n = \frac{3}{2} + \frac{1}{2n} \underset{n\to\infty}{\to} \frac{3}{2}$

b) $U_n = 2 - \frac{2}{n} \underset{n\to\infty}{\to} 2$, $O_n = 2 + \frac{2}{n} \underset{n\to\infty}{\to} 2$

c) $U_n = \frac{1000}{3} - \frac{1000}{2n} + \frac{1000}{6n^2} \underset{n\to\infty}{\to} \frac{1000}{3}$, $O_n = \frac{1000}{3} + \frac{1000}{2n} + \frac{1000}{6n^2} \underset{n\to\infty}{\to} \frac{1000}{3}$

d) $U_n = \frac{2}{3} - \frac{1}{n} + \frac{1}{3n^2} + \frac{1}{2} - \frac{1}{2n} \underset{n\to\infty}{\to} \frac{7}{6}$, $O_n = \frac{2}{3} + \frac{1}{n} + \frac{1}{3n^2} + \frac{1}{2} + \frac{1}{2n} \underset{n\to\infty}{\to} \frac{7}{6}$

5. $U_n = \frac{1}{n}[(\frac{1}{n})^3 + \ldots + (\frac{n-1}{n})^3] = \frac{1}{4} - \frac{2}{4n} + \frac{1}{4n^2} \underset{n\to\infty}{\to} \frac{1}{4}$

$O_n = \frac{1}{n}[(\frac{1}{n})^3 + \ldots + (\frac{n-1}{n})^3 + 1] = \frac{1}{4} + \frac{2}{4n} + \frac{1}{4n^2} \underset{n\to\infty}{\to} \frac{1}{4}$

6. $T_4 = \frac{1}{4}[(\frac{1}{4})^2 \cdot \frac{1}{2} + \frac{1}{2} \cdot ((\frac{2}{4})^2 + (\frac{1}{4})^2) + \frac{1}{2} \cdot ((\frac{3}{4})^2 + (\frac{2}{4})^2) + \frac{1}{2} \cdot ((\frac{4}{4})^2 + (\frac{3}{4})^2)] = \frac{11}{32}$

$U_4 = \frac{7}{32}$, $O_4 = \frac{15}{32}$, $d_T = \frac{11}{32} - \frac{1}{3} = \frac{1}{96}$; $d_U = \frac{1}{3} - \frac{14}{64} = \frac{11}{96}$, $d_O = \frac{30}{64} - \frac{1}{3} = \frac{13}{96}$

Das Ergebnis ist hier mehr als 10-mal besser, aber umständlicher zu berechnen.
T_4 ist der Mittelwert von U_4 und O_4.

2. Die Flächeninhaltsfunktion

1. a) $A_0(x) = \frac{1}{2}x^2$ b) $A_0(x) = 2x$ c) $A_0(x) = \frac{1}{2}x^2 + 2x$ 16

2. Die Fläche ist ein Trapez: $A_0(x) = \frac{1}{2}(f(0) + f(x)) \cdot x = x^2 + 3x$

3. a) Setzt man im obigen Beispiel $\frac{1}{3} \cdot (i\frac{x}{n})^2$, so erhält man $A_0(x) = \frac{1}{9}x^3$. 17

b) $A_0(1) = \frac{1}{9}$, $A_0(2) = \frac{8}{9}$ c) $A = \frac{8}{9} - \frac{1}{9} = \frac{7}{9}$

18 4. a) $A_0(x) = \frac{1}{2}x^2 + x$ b) $A_0(x) = \frac{1}{3}x^3 + x^2 + 3x$ c) $A_0(x) = \frac{1}{2}x^4 + 2x^2 + x$
c) $A_0(x) = \frac{a}{3}x^3$

21 5. a) $f(x) = \frac{1}{3}x + 1$ b) $A_0(x) = \frac{1}{6}x^2 + x$

6. a) $(3x)' = 3 = f(x)$, $3 \cdot 0 = 0$ b) $(\frac{3}{2}x^2)' = 3x = f(x)$, $\frac{3}{2} \cdot 0 = 0$

c) $(x^2+2x)' = 2x + 2 = f(x)$, $0^2 + 2 \cdot 0 = 0$ d) $(x^4 + \frac{1}{2}x^2)' = 4x^3 + x = f(x)$, $0^4 + \frac{1}{2}0^2 = 0$

7. a) $A_0(x) = 4x$ b) $A_0(x) = \frac{1}{2}x^2$ c) $A_0(x) = \frac{3}{2}x^2 + x$

d) $A_0(x) = x^3$ e) $A_0(x) = \frac{1}{6}x^3$ f) $A_0(x) = \frac{1}{4}x^4 + x^2$

8. a) $A_0(x) = \frac{1}{16}x^4$, $A = 1$ b) $A_0(x) = \frac{1}{3}x^3 - x^2 + 2x$, $A = A_0(2) - A_0(1) = \frac{4}{3}$

9. a)

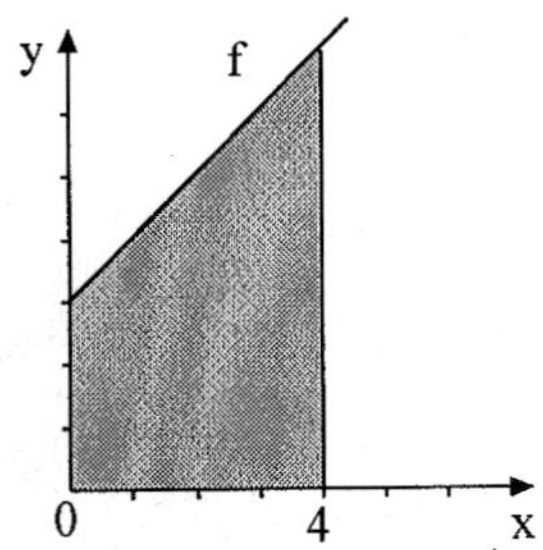

b)

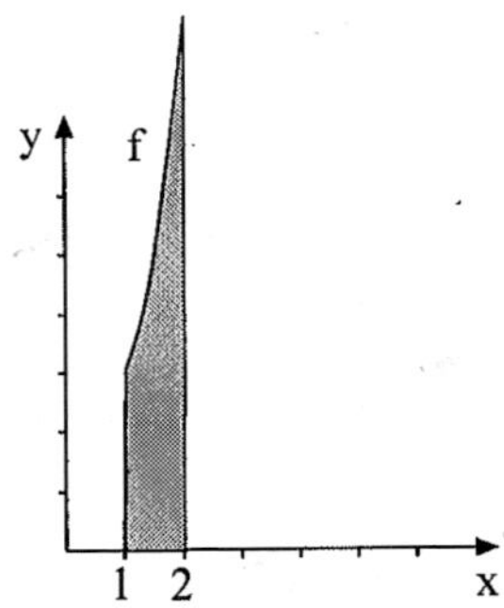

c)

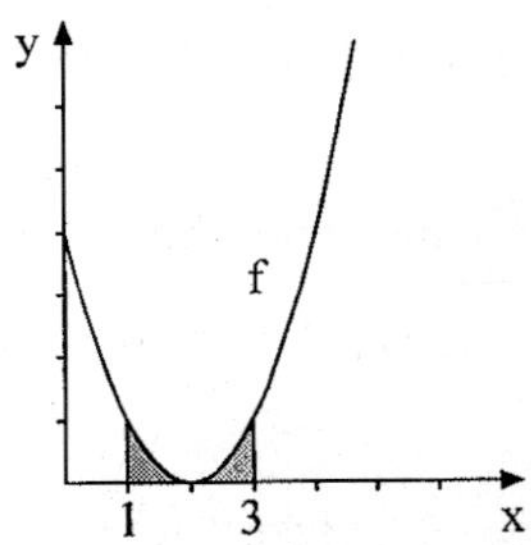

$A_0(x) = \frac{1}{2}x^2 + 3x$ $A_0(x) = \frac{2}{3}x^3 + x$ $A_0(x) = \frac{1}{3}x^3 - 2x^2 + 4x$

$A = A_0(4) = 20$ $A = A_0(2) - A_0(1) = \frac{17}{3}$ $A = A_0(3) - A_0(1) = \frac{2}{3}$

10. Dachprofil: $f(x) = 0{,}5 - \frac{2}{9}x^2$

$A_0(x) = 0{,}5x - \frac{2}{27}x^3$, $A = 6 + 2A_0(1{,}5) = 7\ m^2$
$V = A \cdot 1 = 7\ m^3$

22 11. $A_0(x) = \frac{1}{24}x^3 - \frac{1}{2}x^2 + 4x$, Querschnittsfläche: $A = 2A_0(4) = \frac{64}{3}$

$V = A \cdot 4 = \frac{256}{3} \approx 85{,}33$

12. $f(x) = \frac{1}{9}x^2 + 2$, $A_0(x) = \frac{1}{27}x^3 + 2x$, $A = A_0(3) - A_0(1) = 7 - \frac{55}{27} \approx 4{,}96$

13. a) $f(x) = \frac{5}{64}x^2 + 1$ 23

b) $A = A_1 + A_2 + A_3$, $A_0(x) = \frac{5}{192}x^3 + x$

$A_1 = A_0(8) = \frac{64}{3}$ (Fläche unter f), $A_2 = 6 \cdot 2 = 12$ (Rechteck), $A_3 = 3{,}5 \cdot 2 = 7$ (Trapez)

$A = \frac{121}{3} \approx 40{,}33\ m^2$ beträgt die Querschnittsfläche insgesamt.

c) $V = A \cdot 500\ m = 20165\ m^3$, $1{,}8\frac{g}{cm^3} = 1{,}8 \cdot \frac{1000000 kg}{1000 m^3} = 1800\frac{kg}{m^3}$

$m = V \cdot 1800\frac{kg}{m^3} = 36.297.000\ kg = 36.297\ to$, $36297 : 20 = 1814{,}85$
Es sind 1815 Fahrten erforderlich.

3. Stammfunktion und bestimmtes Integral

1. a) $F_c(x) = \frac{1}{3}x^3 + C$, $F_c(1) = 1$, $C = \frac{2}{3}$, $F_c(x) = \frac{1}{3}x^3 + \frac{2}{3}$ 27

b) $F_c(x) = -\frac{1}{3}x^3 + x + C$, $F_c(0) = 4$, $C = 4$, $F_c(x) = -\frac{1}{3}x^3 + x + 4$

c) $F_c(x) = \frac{1}{2}x^2 + 2x + C$, $F_c(1) = 0$, $C = -2{,}5$, $F_c(x) = \frac{1}{2}x^2 + 2x - 2{,}5$

2. a) $F'(x) = 4 \cdot \frac{1}{2}x^3 + 0 = 2x^3$ b) $F'(x) = \frac{3}{2} \cdot \frac{8}{3} \cdot x^{\frac{1}{2}} = 4\sqrt{x}$ 28

c) $F'(x) = 2x + (-1) \cdot \frac{6}{x^2} + 0 = 2x - \frac{6}{x^2}$ d) $F(x) = 4x^2 + 4x + 1$, $F'(x) = 8x + 4$

3. a) $F(x) = \frac{1}{7}x^7 + C$ b) $F(x) = 2x^3 + C$ c) $F(x) = \frac{1}{2}x^{2n} + C$

d) $F(x) = \frac{4}{3}x^3 + x^2 + C$ e) $F(x) = \frac{1}{2}x^4 - 2x^2 + x + C$ f) $F(x) = \frac{a}{3}x^3 + 3x^2 + C$

g) $F(x) = -\frac{3}{x} + C$ h) $F(x) = \frac{2}{3}x^3 + x + C$ i) $F(x) = \frac{1}{2}x^2 - \frac{3}{x} + C$

j) $F(x) = 4\sqrt{x^3} + C$ k) $F(x) = \frac{3}{4}\sqrt[3]{x^4} + C$ l) $F(x) = ax^3 + C$

4. a) $F(x) = \frac{1}{6}(2x+1)^3 + C$ b) $F(x) = \frac{2}{3}(\frac{1}{2}x+1)^3 + C$ c) $F(x) = -\frac{1}{3 \cdot (3x+2)} + C$

d) $F(x) = \frac{2}{3}\sqrt{(2x+1)^3} + C$

5. I:C, II:D, III:E, IV:A, V:F, VI:B

6. a) Im 3. Schritt: $6 \cdot \int x^{-2}dx = -6 \cdot x^{-1} + C$

b) lineare Substitutionsregel: $\int (2x+1)^2 dx = \frac{1}{2} \cdot \frac{(2x+1)^3}{3} + C$

c) $\int 4x^{\frac{3}{2}}dx = 4x^{\frac{5}{2}} \cdot \frac{2}{5} + C$ d) $\int (3x^2 + 2a)dx = x^3 + 2ax + C$

e) a ist die Integrationsvariable: $\int (3x^2 + 2a)da = 3x^2a + a^2 + C$

4. Das bestimmte Integral

32 1. a) $\int_1^2 (x^2+1)dx = [\frac{1}{3}x^3 + x]_1^2 = \frac{10}{3}$ ist der Flächeninhalt unter f über [1;2]

b) $\int_{-1}^2 (x-2)dx = [\frac{1}{2}x^2 - 2x]_{-1}^2 = -\frac{9}{2}$ Die Fläche unter f über [-1;2] hat den Inhalt 4,5.

c) $\int_0^3 (2-\frac{1}{2}x^2)dx = [2x - \frac{1}{6}x^3]_0^3 = -\frac{3}{2}$ Zwischen 0 und 3 liegt die Nullstelle x = 2.

Flächenbilanz:
Das oberhalb der x-Achse gelegene Flächenstück ist um 3 größer als das unterhalb gelegene Flächenstück. $\int_0^2 (2-\frac{1}{2}x^2)dx = \frac{8}{3}$, $\int_2^3 (2-\frac{1}{2}x^2)dx = -\frac{7}{6}$

33 2. a) $\int_{-1}^4 (3x^2-4x+1)dx = [x^3-2x^2+x]_{-1}^4 = 40$ b) $\int_2^5 \frac{1}{x^2}dx = [-\frac{1}{x}]_2^5 = \frac{3}{10}$

c) $\int_0^1 (x+1)^2 dx = [\frac{1}{3}(x+1)^3]_0^1 = \frac{7}{3}$

3. a) $\int_0^1 (3x^2+2a)dx = [x^3+2ax]_0^1 = 1+2a$

b) $\int_0^1 (3x^2+2a)da = [3x^2a + a^2]_0^1 = 3x^2+1$ c) $\int_1^2 x^2dy = [x^2y]_1^2 = x^2$

34 4. a) $\int_{-2}^3 (4x^2-3x+5)dx + \int_{-2}^3 (3x-5)dx = \int_{-2}^3 4x^2dx = [\frac{4}{3}x^3]_{-2}^3 = \frac{140}{3} \approx 46{,}67$

b) $\int_{-2}^2 x^2dx + \int_3^5 x^2dx + \int_2^3 x^2dx = \int_{-2}^5 x^2dx = [\frac{1}{3}x^3]_{-2}^5 = \frac{133}{3} \approx 44{,}33$

c) $\int_{-1}^3 2x^2dx + 2\int_{-1}^0 3x^2dx + \int_0^2 6x^2dx + 6\int_2^3 x^2dx$

$= \int_{-1}^3 2x^2dx + \int_{-1}^3 6x^2dx = \int_{-1}^3 8x^2dx = [\frac{8}{3}x^3]_{-1}^3 \approx 74{,}67$

Test

1. a) $F(x)=\frac{1}{5}x^5+C$ b) $F(x)=-\frac{3}{x}+C$ 36

c) $F(x)=\frac{1}{2}x^4-\frac{1}{2}x^2+3x+C$ d) $F(x)=2ax^4+C$

e) $F(x)=nx^n+C$

2. $F(x)=x^3-x^2+C$, $F(2)=-1$: $C=-5$, $F(x)=x^3-x^2-5$

3. a) $\int(3-x^2)dx=3x-\frac{1}{3}x^3+C$ b) $\int_2^4(2x-x^2)dx=[x^2-\frac{1}{3}x^3]_2^4=-\frac{20}{3}$

c) $\int_1^2(3x+6x^3)dx=[\frac{3}{2}x^2+\frac{3}{2}x^4]_1^2=27$

4. a) $F(x)=\frac{1}{9}x^3+x$, $A=F(3)-F(1)=\frac{44}{9}$

b) Spiegelung: $g(x)=-x^2+6x-8$, Nullstellen: $x=2$ und $x=4$

$G(x)=-\frac{1}{3}x^3+3x^2-8x$, $A=G(4)-G(2)=\frac{4}{3}$

5. a) $[ax^3+3x^2]_1^2=7a+9=2$, $a=-1$

b) $[x^2-5x]_2^a=a^2-5a+6=0$, $a_1=3$, $a_2=2$

6. $F(x)=a(x-\frac{1}{3}x^3)$, $A=2(F(1)-F(0))=2 \Rightarrow \frac{2}{3}a-0=1 \Rightarrow a=\frac{3}{2}$

II. Anwendungen der Integralrechnung
1. Bestimmte Integrale und Flächeninhalte

1. Fläche über dem Intervall [0;1]: $\int_0^1(\sqrt{x}-1)dx=[\frac{2}{3}x^{3/2}-x]_0^1=-\frac{1}{3}$, $A_1=\frac{1}{3}$ 39

Fläche über dem Intervall [1;4]: $\int_1^4(\sqrt{x}-1)dx=[\frac{2}{3}x^{3/2}-x]_1^4=\frac{5}{3}$, $A_2=\frac{5}{3}$

Gesamtfläche: $A=A_1+A_2=2$

2. Flächen unter Funktionsgraphen

41 1. a) $A = \int_0^2 (x^2 - x + 1)dx = [\frac{1}{3}x^3 - \frac{1}{2}x^2 + x]_0^2 = \frac{8}{3}$ b) $A = \int_1^3 \frac{1}{x^2}dx = [-\frac{1}{x}]_1^3 = \frac{2}{3}$

c) $A = |\int_0^1 (x^3 - x)dx| = |[\frac{1}{4}x^4 - \frac{1}{2}x^2]|_0^1 = \frac{1}{4}$ d) $A = |\int_0^1 (x^3 - x)dx| + \int_1^2 (x^3 - x)dx = \frac{5}{2}$

e) $A = \int_0^1 (-2x^2 + 2)dx = [-\frac{2}{3}x^3 + 2x]_0^1 = \frac{4}{3}$

f) $A(x) = \int_{-\sqrt{3}}^0 (\frac{1}{2}x^3 - \frac{3}{2}x)dx + |\int_0^1 (\frac{1}{2}x^3 - \frac{3}{2}x)dx| = [\frac{1}{8}x^4 - \frac{3}{4}x^2]_{-\sqrt{3}}^0 + |[\frac{1}{8}x^4 - \frac{3}{4}x^2]_0^1| = \frac{7}{4}$

42 2. a) Nullstellen: $\pm\sqrt{3}$ und 0

$$A = \int_{-1}^0 (\frac{1}{6}x^3 - \frac{1}{2}x)dx + |\int_0^{\sqrt{3}} (\frac{1}{6}x^3 - \frac{1}{2}x)dx| + \int_{\sqrt{3}}^2 (\frac{1}{6}x^3 - \frac{1}{2}x)dx = \frac{5}{24} + \frac{9}{24} + \frac{1}{24} = \frac{5}{8}$$

b) Nullstellen: ± 2 und 0, Ursprungssymmetrie

$$A = |\int_{-3}^{-2} (x^3 - 4x)dx| + 2 \cdot \int_{-2}^{0} (x^3 - 4x)dx = \frac{25}{4} + 8 = 14\frac{1}{4}$$

c) Nullstellen: ± 1 und 3

$$A = \int_0^1 f(x)dx + |\int_1^3 f(x)dx| = [\frac{1}{4}x^4 - x^3 - \frac{1}{2}x^2 + 3x]_0^1 + |[\frac{1}{4}x^4 - x^3 - \frac{1}{2}x^2 + 3x]_1^3|$$
$$= \frac{7}{4} + 4 = 5\frac{3}{4}$$

d) Nullstellen: ± 1, ± 2, Achsensymmetrie

$$A = 2 \cdot |\int_{-2}^{-1} f(x)dx| + 2 \cdot \int_{-1}^{0} f(x)dx$$
$$= 2 \cdot |[\frac{1}{10}x^5 - \frac{5}{6}x^3 + 2x]_{-2}^{-1}| + 2 \cdot [\frac{1}{10}x^5 - \frac{5}{6}x^3 + 2x]_{-1}^{0} = \frac{22}{15} + \frac{38}{15} = 4$$

3\. a) Nullstellen: $-2, -1, 1, 2$ 44

$\int_{-3}^{-2} f(x)dx \approx 14{,}53$, $\int_{-2}^{-1} f(x)dx \approx -1{,}47$, $\int_{-1}^{1} f(x)dx \approx 5{,}07$, $A \approx 21{,}07$

b) Nullstellen: -2, 0 (doppelte), 1

$\int_{-2{,}5}^{-2} f(x)dx \approx 2{,}28$, $\int_{-2}^{1} f(x)dx \approx -3{,}15$, $\int_{1}^{1{,}5} f(x)dx \approx 0{,}75$, $A \approx 6{,}18$

c) Nullstellen: -2 , 1 , 4 , $A_1 = \frac{17}{4}$, $A_2 = 14$, $A = 18{,}25$

d) Nullstellen: $-2{,}73$, -1 , $0{,}73$, $A_1 = A_4 \approx 0{,}25$, $A_2 = A_3 \approx 2{,}25$, $A = 5$

4\. $4 = \int_{-a}^{0} f(x)dx = [\frac{1}{4}x^4 - \frac{a^2}{2}x^2]_{-a}^{0} = \frac{a^4}{4}$, $a = 2$ 45

5\. $\int_{0}^{2} x^2 dx = [\frac{1}{3}x^3]_0^2 = \frac{8}{3}$, $[\frac{1}{3}x^3]_0^a = \frac{a^3}{3} = \frac{1}{3}$, $a = 1$

6\. $f(x) = -ax^2 + a$, $A = \int_{0}^{1} f(x)dx = [-\frac{a^3}{3} + ax]_0^1 = \frac{2}{3}a = 1$, $a = \frac{3}{2}$ 46

7\. $f(x) = ax^2 + bx + c$, $f(0) = -1$, $c = -1$

$f'(x) = 2ax + b$, $f'(4) = 0$, $b = -8a$

$\int_{0}^{1} (ax^2 - 8ax - 1)\,dx = [\frac{1}{3}ax^3 - 4ax^2 - x]_0^1 = -\frac{11}{3}a - 1$, $A = \frac{11}{3}a + 1 = 12$, $a = 3$

$f(x) = 3x^2 - 24x - 1$ A unterhalb der x – Achse!

8\. Die Parabel ist nach unten geöffnet und hat die Nullstellen $x_1 = 0$ und $x_2 = u$, daher: $P(x) = -ax(x-u)$ $(a > 0)$.

Der Scheitelpunkt ist $S(\frac{u}{2}|9)$: $p(\frac{u}{2}) = \frac{a}{4}u^2 = 9 \Rightarrow a = \frac{36}{u^2}$

$\int_{0}^{u} -\frac{36}{u^2}(x^2 - ux)dx = [-\frac{36}{u^2}(\frac{1}{3}x^3 - \frac{u}{2}x^2)]_0^u = 6u = 36 \Rightarrow u = 6$, $a = 1$

9\. a) $A = \frac{1}{4}$ b) $A = \frac{5}{3}$ c) $A = \frac{8}{3}$ 47

10\. a) $A = 12 + 1{,}11 = 13{,}11$ b) $A = \frac{7}{6} + \frac{32}{6} = \frac{13}{2}$ c) $A = 3{,}5 + 8 = 11{,}5$

d) $A = \frac{8}{5}$ e) $A = 0{,}30625 + 5{,}2 = 5{,}50625$

f) $A = 1{,}75 + 4 + 1{,}265625 = 7{,}015625$

47 11.a) $a = \pm 2$ b) $a = 7$ c) $a = 4$

12.a) Nullstellen: ± 1 , $A = 6{,}533 + 2{,}933 + 53{,}066 = 62{,}532$
b) Nullstellen: $-3, 0, 1$, $A = 7{,}33 + 0{,}58 + 11{,}39 = 19{,}3$
c) Nullstellen: -2, 1 (doppelte) , $A = 6{,}75 + 1{,}25 = 8$
d) Nullstellen: $-2, 1, 3$, $A = 10{,}667 + 2{,}417 = 13{,}084$
e) Nullstellen: $\pm\sqrt{3}$, 3 , $A = 17{,}392 + 1{,}392 = 18{,}784$
f) Nullstellen: $-3, -1, 3$, $A = 42{,}667 + 15{,}583 = 58{,}25$
g) Nullstellen: 0 (doppelte), $2 \pm \sqrt{7}$, $A = 0{,}273 + 0{,}073 + 59{,}4 = 59{,}746$
h) Nullstellen: $0, 1, 2$, $A = 6{,}117 + 0{,}383 + 0{,}117 + 1{,}617 = 8{,}234$

13. $f(x) = ax^2 - 4ax$, $A = \int_0^4 f(x)dx = -\frac{32}{3}a = \frac{8}{3}$, $a = -\frac{1}{4}$, $f(x) = -\frac{1}{4}x^2 + x$

50 14. $F(x) = \frac{3}{100}(-\frac{1}{12}x^4 + \frac{5}{3}x^3)$, $A = 2(F(10) - F(0)) = \frac{6}{100}(-\frac{10000}{12} + \frac{5000}{3}) = 50$
Der Inhalt des Querschnitts beträgt 50 m^2.

15. Torbogen: $f(x) = -1{,}2x^2 + 4{,}8$ (Ursprung: Bodenmitte unter dem Torbogen)

Fläche unter f: $A = 2\int_0^2 f(x)dx = 2[-\frac{1{,}2}{3}x^3 + 4{,}8x]_0^2 = 2(-\frac{9{,}6}{3} + 9{,}6) = \frac{38{,}4}{3} \approx 12{,}8$

Flächeninhalt des Turms: $A_T \approx 80 - 12{,}8 = 67{,}2$
Höhe des Angebots: 1680 Euro

16. Der Ursprung wird jeweils in den Scheitelpunkt der Parabeln gelegt.

linkerÄrmel: $f(x) = \frac{3}{5}x^2$, Fläche unter f: $\int_0^5 \frac{3}{5}x^2 dx = [\frac{1}{5}x^3]_0^5 = 25$
Ärmelinhalt: $A_1 = 75 - 25 = 50$ cm^2
Halsausschnitt: $g(x) = \frac{20}{225}x^2 = \frac{4}{45}x^2$, Fläche unter g: $2\int_0^{15} g(x)dx = 2[\frac{4}{135}x^3]_0^{15} = 200$
Inhalt des Ausschnitts: $A_2 = 600 - 200 = 400$ cm^2
Verschnitt: $2A_1 + A_2 = 500$ cm^2
Inhalt des Rohlings: $R = 50 \cdot 65 = 3250$ cm_2

Der Prozentanteil beträgt $\frac{500}{3250} \approx 15{,}38\%$

17.a) $f(2) = 0{,}355$, $f(25) = 3$, $f(20) = 4$
$f'(x) = -\frac{1}{800}(3x^2 - 66x + 120)$, $f'(2) = 0$, $f'(20) = 0$
b) $F(x) = -\frac{1}{800}(\frac{1}{4}x^4 - 11x^3 + 60x^2 - 400x)$, $A = F(25) - F(2) \approx 58{,}40 - 0{,}81 = 57{,}59 > 50$
Die Bedingung ist erfüllt.

18. Ansatz: $f(x) = ax^3 + bx^2 + cx + d$, $f'(x) = 3ax^2 + 2bx + c$ 51

a) $f(0) = 6,\ d = 6$

$f(2) = 3,\ 3 = 8a + 4b + 2c + 6 \qquad 3 = -16a - 4b + 6$

$f(4) = 0,\ 0 = 64a + 16b + 4c + 6 \qquad 0 = 16a + 6$

$f'(2) = 0,\ 0 = 12a + 4b + c \qquad a = -\frac{8}{3}\ ,\ b = \frac{9}{4}\ ,\ c = -\frac{9}{2}$

Resultat: $f(x) = -\frac{8}{3}x^3 + \frac{9}{4}x^2 + -\frac{9}{2}x + 6$

b) $F(x) = -\frac{3}{32}x^4 + \frac{3}{4}x^3 - \frac{9}{4}x^2 + 6x$, $A = F(4) - F(0) = 12\ \text{km}^2$

Ganz ohne Integralrechnung:

Schneidet man parallel zur x–Achse bei $y = 3$ das Flächenstück ab, passt es um 180° gedreht genau in die Rechteckfläche rechts vom Wendepunkt. Also $A = 3 \cdot 4 = 12\ \text{km}^2$

19. a) $f(x) = -\frac{1}{18}(x-6)^2 + 2$

b) $F(x) = -\frac{1}{54}(x-6)^3 + 2x$

Fläche unter f: $A_f = F(12) - F(0) = 16$

Höhe des Mitteldreiecks: $h = \sqrt{12^2 - 6^2} = \sqrt{108} \approx 10{,}39$

Inhalt des Mitteldreiecks: $A_D = 6 \cdot \sqrt{108} \approx 62{,}35$

Inhalt des Querschnitts: $A = 3 \cdot A_f + A_D \approx 110{,}35$

20. a) $f(x) = \frac{9}{2025}(x-45)^2 + 18$

b) 2 zu je $f(10) \approx 23{,}44$ m , 2 zu je $f(20) \approx 20{,}78$ m

2 zu je $f(30) = 19$ m , 2 zu je $f(40) \approx 18{,}11$ m

c) $F(x) = \frac{9}{6075}(x-45)^3 + 18x$

Tafel 1: $A_1 = F(20) - F(10) \approx 220\ \text{m}^2$

Tafel 2: $A_2 = F(40) - F(30) \approx 185\ \text{m}^2$

Die beiden äußeren Tafeln haben jeweils ca. 220 m² Inhalt.

Die beiden mittleren Tafeln haben jeweils 185 m² Inhalt.

3. Flächen zwischen Funktionsgraphen

1. $A = 4{,}5$ 2. $A = 0{,}333$ 3. $A = 3{,}0833$ 52

4. $A = 0{,}417$ 5. a) $A = 1{,}333$ b) $A = 21{,}333$ c) $A = 0{,}296$ 53

6. a) $A = \int_0^a (-2x^2 + 2a^2)dx = [-\frac{2}{3}x^3 + 2a^2x]_0^a = \frac{4}{3}a^3 = 36$, $a = 3$ 54

b) $A = \int_0^a (ax - x^2)dx = [\frac{a}{2}x^2 - \frac{1}{3}x^3]_0^a = \frac{1}{6}a^3 = \frac{4}{3}$, $a = 2$

c) $A = \int_0^{1/a} (1 - a^2x^2)dx = [x - \frac{a^2}{3}x^3]_0^{1/a} = \frac{2}{3a} = \frac{2}{3}$, $a = 1$

55 7. Schnittstellen: 0, 1 , A = 1,25

8. Grenzen: 0, 1 , A = 1,417

56 9. a) Grenzen: –2, –1, 0, 1 , A = 2,25 + 0,25 + 0,25 = 2,75

b) Grenzen: –1, 0, 1, 2 , A = 0,317 + 0,183 + 0,317 = 0,82

10. A = 3,125 + 2 + 2 = 7,125

57 11. a) Schnittstellen: – 3 ; 2 , $A \approx 10{,}42$ b) Schnittstellen: 0 ; 12 , A = 144

c) Schnittstellen: – 2 ; 0 , $A = \frac{4}{3}$ d) Schnittstellen: – 2 ; 0 , $A = \frac{1}{3}$

12. a) Schnittstellen: –1, 1 , A = 0,667 b) Integrationsstellen: –1, 1 , A = 10/3

c) Schnittstellen: –1, 0, 1 , A = 1 + 1,167 = 2,167

13. a) Schnittstellen: 0 ; $\frac{1}{a}$, für a = 0,5 b) Schnittstellen: – 2a ; a , für a = 1

c) Schnittstellen: 0 ; 2+a , für a = 4 d) Schnittstellen: –a ; 0 ; a, für $a = \sqrt[4]{8}$

14. a) Grenzen: 0, 1, $\sqrt[3]{2}$, A = 0,5 + 0,119 = 0,619

b) $f(x) = x^2$, $g(x) = 2x + 2$, $h(x) = x^2 - 2x + 2$

Grenzen: $1 - \sqrt{3}$, 0, 1 , A = 0,797 + 1 = 1,797

15. a = 4

16. $A_{gelb} = \frac{1}{12}$, $A_{blau} = \int_{-\sqrt{a}}^{0} (x^3 - ax)dx = \frac{a^2}{4} = \frac{1}{12}$, $a = \sqrt{\frac{1}{3}} \approx 0{,}577$

17. a) Schnittstellen: – 1 ; 1 ; 4 , $A = \frac{16}{3} + 15{,}75 \approx 21{,}08$

b) Schnittstellen: –2 ; –1 ; 1 ; 2 , $A = \frac{22}{15} + \frac{22}{15} + \frac{76}{15} = 8$

58 18. $f(x) = 0{,}2x^2 - 0{,}8$, $g(x) = -0{,}4x^2 + 1{,}6$

Integration von g – f über [– 2 ; 2] liefert

$A = 6{,}4\ cm^2$ und daher $V = 10{,}24\ cm^3 = 10240\ mm^3$.

59 19. a) obere Parabel: $f(x) = -\frac{4}{36}x^2 + 4$, untere Parabel: $g(x) = \frac{5}{36}x^2 - 5$

b) $A = 2\int_0^6 (f(x) - g(x))dx = [-\frac{1}{12}x^3 + 9x]_0^6 = 72\ m^2$ beträgt die Gebäudefront.

20. a) g(x) = -x + 10

b) $A = \int_{-10}^{10} (g(x) - f(x))dx = [-\frac{5}{4000}x^4 + \frac{1}{4}x^2 + 10x]_{-10}^{10} = 200$

ohne Integralrechnung: Schneidet man längs der x-Achse das untere Flächenstück ab und dreht es um 180°, so kann man es am Flusslauf zu einem Dreieck zusammenfügen.

Also $A = \frac{1}{2} 20 \cdot 20 = 200$

21. a) $f(x) = -\frac{1}{8}x^2 + 2$, $g(x) = \frac{3}{16}x^2 - 3$ 59

b) $A = \int\limits_{-5}^{-4} (g(x) - f(x))dx + 2\int\limits_{-4}^{0} (f(x) - g(x))dx = [\frac{5}{48}x^3 - 5x]_{-5}^{-4} + 2[-\frac{5}{48}x^3 + 5x]_{-4}^{0}$

$\approx 1,35 + 26,67 = 28,02$

Der Flächeninhalt des Logos beträgt ca. 28,02 dm^2.

c) Fensterfläche: $A_F = 9 \cdot 5 = 45\ dm^2$

Der Anteil Logo:Fensterfläche beträgt also ca. 62 %, d.h. ca. 31 % Lichtreduktion.

d) $d(x) = f(x) - g(x) = -\frac{5}{16}x^2 + 5 = 2{,}5$, $x = \pm\sqrt{8} \approx \pm 2{,}83$

Im Bereich $-2{,}83 \le x \le 2{,}83$ ist das Logo mindestens 25 cm hoch.

Bzw. $d(x) = g(x) - f(x)$: $-5 \le x \le -4{,}9$, d.h. der letzte cm Schwanzende ebenfalls

22. a) $g(x) = -\frac{1}{4}x^2 + 5$, $h(x) = \frac{1}{2}x - 1$

b) $A = 2\int\limits_{0}^{2} (g(x) - f(x))dx + 2\int\limits_{2}^{4} (g(x) - h(x))dx$

$= 2[\frac{1}{20}x^5 - \frac{5}{12}x^3 + 5x]_0^2 + 2[-\frac{1}{12}x^3 - \frac{1}{4}x^2 + 6x]_2^4 \approx 16{,}53 + 8{,}67 = 25{,}2$

Der Flächeninhalt beträgt also ca. 25,2 ha oder 252000 m^2.

c) $n(x) = -\frac{1}{6}x^2 + 2$, $A = 2\int\limits_{0}^{3} (g(x) - n(x))dx + 2\int\limits_{3}^{3} (g(x) - h(x))dx$

$= 2[-\frac{1}{36}x^3 + 3x]_0^3 + 2[-\frac{1}{12}x^3 - \frac{1}{4}x^2 + 6x]_3^4 \approx 16{,}5 + 2{,}33 = 18{,}83$

Das ergibt 1883 Parzellen.

23. a) $f(x) = -\frac{1}{8}x^2 + 4$, $g(x) = -\frac{1}{128}x^4 + \frac{1}{4}x^2$ 60

b) $A = 2\int\limits_{0}^{4} (f(x) - g(x))dx = 2[\frac{1}{640}x^5 - \frac{1}{8}x^3 + 4x]_0^4 \approx 19{,}20$

$V = 1{,}5 \cdot A = 28{,}8$, d.h. das Becken fasst 28,8 m^3 Wasser.

c) $f'(x) = -0{,}25x$, $f'(4) = -1$, $g'(4) = 0$, $\alpha = 135°$, $\beta = 0° \Rightarrow \gamma = 180° - 135° = 45°$

Der Winkel beträgt 45°.

24. a) $f(x) = -\frac{40}{10000}(x - 100)^2 + 40 = -\frac{1}{250}x^2 + \frac{4}{5}x$, $g(x) = \frac{2}{5}x$

b) $A = \int\limits_{0}^{100} (f(x) - g(x))dx = [-\frac{1}{750}x^3 + \frac{1}{5}x^2]_0^{10} = -\frac{1000000}{750} + \frac{10000}{5} \approx 666{,}67$

$V = 1000 \cdot A \approx 666.667\,m^3$

60 25. a) $f(x) = -\frac{1}{32}x^4 + \frac{1}{4}x^2 + 1$, $g(x) = \frac{3}{8}x^2$

b) $A = 2\int_0^2 (f(x) - g(x))dx = 2[-\frac{1}{160}x^5 - \frac{1}{24}x^3 + x]_0^2 = 2(\frac{22}{15}) \approx 2{,}93$

$V \approx 2{,}93 \cdot 0{,}3 = 0{,}879\,m^3$, $m = V \cdot 0{,}7\frac{g}{cm^3} = V \cdot 700\frac{kg}{m^3} \approx 615{,}3\,kg$

26. $f(1) = g(1) = 1$, also ist die Schwanzflosse 1 m lang.

$A = \int_0^1 g(x) - f(x))dx + \int_1^4 f(x) - g(x))dx + A_{Halbkreis}$

$= [\frac{1}{9}(\frac{1}{3}x^3 - 4x^2 + 16x) - \frac{2}{3}\sqrt{x^3}\,]_0^1 + [\frac{2}{3}\sqrt{x^3} - \frac{1}{9}(\frac{1}{3}x^3 - 4x^2 + 16x)]_1^4 + 1{,}57 \approx 5{,}93$

$5{,}93\,m^2 \cdot 1\,mm = 59300\,cm^2 \cdot 0{,}1\,cm = 5930\,cm^3 = 5{,}93$ Liter

10 Liter reichen also nicht für einen 1 mm dicken Anstrich (nur für 0,84 mm).

4. Exkurs: Rekonstruktion von Beständen

62 1. Bremszeit: $v(t) = 0$: $0 = 40 - 4t$, $t = 10$

Länge des Bremsweges: $s = \int_0^{10} (40 - 4t)dx = [40t - 2t^2]_0^{10} = 200$ m

63 2. a) Ansatz: $v(x) = at^2 + bt + c$

$v(0) = 6$: $6 = c$

$v(1) = 3$: $3 = a + b + 6$

$v(3) = 0$: $0 = 9a + 3b + 6$, $-9 = 6a - 12$, $a = 0{,}5$, $b = -\frac{7}{2}$

$v(x) = \frac{1}{2}t^2 - \frac{7}{2}t + 6$

b) $s = \int_0^3 v(t)dt = [\frac{1}{6}t^3 - 7t^2 + 6t]_0^3 = 6{,}75$

Höhe nach 3 Tagen : h = 1 m + 6,75 cm = 1,0675 m

c) $v(t) = 1$: $\frac{1}{2}t^2 - \frac{7}{2}t + 6 = 1$, $t^2 - 7t + 10 = 0$, $t = -\frac{7}{2} - \sqrt{2{,}25} = 2$

Nach 2 Tagen ändert sich die Höhe erstmalig nur noch um 1 cm/Tag.

Sie ist dann $s(2) = [\frac{1}{6}t^3 - \frac{7}{4}t^2 + 6t]_0^3 = \frac{19}{3} \approx 6{,}33$ cm + 1 m = 1,0633 m hoch.

64 3. a) $W(t) = \int P(t)dt = -\frac{1}{12960}t^4 + \frac{1}{108}t^3$

b) $W(90) = 1687{,}5$ Wattminuten = 28,125 Wh $\approx$ 0,028 kWh

c) $P'(t) = -\frac{1}{1080}t^2 + \frac{1}{18}t$, $P''(t) = -\frac{1}{540}t + \frac{1}{18}$

$P'(t) = 0$: $t = 60$, $P''(60) = -\frac{1}{9} + \frac{1}{18} < 0$

Zur Zeit t = 60 war die Leistung maximal.

65 4. $A(t) = \int_0^{400} a(t)dt = [\frac{1}{450}(-\frac{1}{3}t^3 + 100t^2 + 80000t)]_0^{400} = 59259$

Es werden 59259 Manntage benötigt.

5. a) $h(t) = \frac{1}{216}(\frac{5}{3}t^3 - 60t^2 + 480t) + 5$ 66

b) $h'(t) = 0$: $t^2 - 24t + 96 = 0$, $t = 12 \pm\sqrt{48}$
$t_1 = 5{,}07$, $t_2 = 18{,}93$
$h''(t) = \frac{1}{216}(10t - 120)$, $h''(5{,}07) < 0$, $h''(18{,}93) > 0$
Zur Zeit $t = 5{,}07$ war der Wasserstand am höchsten.
Zur Zeit $t = 18{,}93$ war der Wasserstand am niedrigsten.

c) $h''(t) = 0$: $t = 12$
Zur Zeit $t = 12$ änderte sich der Wasserstand am schnellsten, $h'(12) = -\frac{10}{9}\frac{m}{h}$.

6. $s(t) = -0{,}01t^3 + 0{,}9t^2$, $s(60) = 1080$ m
Es legt 1080 Meter zurück.

7. a) $B(t) = 5t^4 - 100t^3 + 500t^2 + C$
$B(1) = 405 + C$, $C = 95$, $B(t) = 5t^4 - 100t^3 + 500t^2 + 95$

b) $B(3) = 2300$ Besucher sind nach 3 Stunden anwesend.

c) $B'(t) = 0$: $20t(t^2 - 15t + 50) = 0$, $t_1 = 0$, $t_2 = 10$, $t_3 = 5$
$B''(t) = 60t^2 - 600t + 1000$, $B''(0) > 0$ Minimum, $B''(5) < 0$ Maximum, $B''(10) > 0$ Minimum
Nach 5 Stunden ist die Besucherzahl mit 3220 am größten.

d) $B''(t) = 0$: $t_1 = 7{,}89$, $t_2 = 2{,}11$
Zwischen dem 1. Minimum und dem Maximum, also bei $t = 2{,}11$ steigt die Besucherzahl am schnellsten. Bei $t = 7{,}89$ sinkt sie am schnellsten.

e) Nach ca. 10 Stunden ist das Fest zu Ende.

8. a) $h(t) = 30t - 5t^2 + 35$

b) $h = 0$: $-5t^2 + 30t + 35 = 0$, $t_1 = 7$ ($t_2 = -1$)
Der Ball trifft nach 7 Sekunden mit $v(7) = -40$ m/s am Boden auf.
(Das –Zeichen gibt die Richtung der Bewegung an.)
Die Gipfelhöhe ist nach 3 Sekunden $h(3) = 80$ m.

9. a) $s(t) = 30t - 5t^2$ 67

b) $v(t) = 0$: $t = 3$, $s(3) = 45$ m
100 m vor dem LKW steht das Reh, nach 1 s ist der LKW noch 70 m von dem Reh entfernt, der Bremsweg beträgt 45 m, also kommt der LKW 25 m vor dem Reh zum Stehen. Kein Unfall!

10. a) $h(t) = -0{,}04t^3 + 0{,}6t^2 + 520$

b) $h'(t) = v(t) = 0$: $t_1 = 0$, $t_2 = 10$
$h''(t) = v'(t) = -0{,}24t + 1{,}2$, $v'(10) = -1{,}2 < 0$, Maximum
$h(10) = 540$ m ist die maximale Höhe.

c) $h(t) = 520$: $-0{,}04t^2(t - 15) = 0$, $t_1 = 0$, $t_2 = 15$
Nach 15 Minuten ist er wieder auf Starthöhe.

67 11. b) $N'(t) = \frac{1}{4\sqrt{t}} - 0{,}1$, $N'(t) = 0$: $t = 6{,}25$ a)

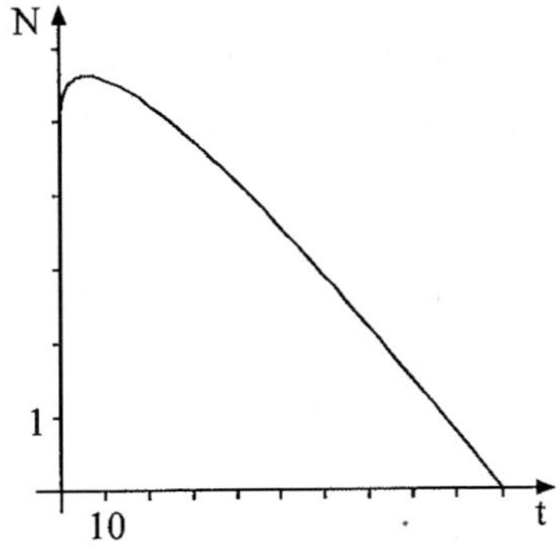

c) $5 + 0{,}5\sqrt{t} - 0{,}1t = 3600$

$t - 0{,}5\sqrt{t} - 14 = 0$, $\sqrt{t} = 2{,}5 \pm \sqrt{20{,}25}$

$t_1 = 7$ $(t_2 < 0)$

Nach 49 Tagen wares 3600 Mann im Einsatz.

d) $\int\limits_0^{100} N(t)dt = [5t + \frac{1}{3}\sqrt{t^3} - 0{,}05t^2]_0^{100} \approx 333{,}33$

Insgesamt waren 333.333 Manntage erforderlich.

12. $h(t) = -0{,}025t^4 + \frac{1}{3}t^3 + 5$

a) $v(t) = 0$: $t = 10$; Nach 10 Wochen endet das Wachstum.

b) $h(10) = 83{,}33$ cm ist die maximale Höhe.

c) Wendepunkt: $v'(t) = -0{,}3t^2 + 2t$

$v'(t) = 0$: $-t(0{,}3t-2) = 0$, $t_1 = 0$, $t_2 = \frac{2}{0{,}3} \approx 6{,}67$

Sattelpunkt bei $t_1 = 0$, WP bei $t_2 = 6{,}67$

$h(6{,}67) = 54{,}38$

Zum Zeitpunkt des schnellsten Wachstums wird die Pflanze ca. 54,39 cm hoch sein.

Hubarbeit

69 1. Eine Querschnittsscheibe hat die Länge 50 m, die Breite 20 m und die Höhe Δx (in m). Also ist $50 \cdot 20 \cdot \Delta x = 1000\Delta x$ ihr Volumen.

Ihre Gewichtskraft F beträgt $1000\Delta x \cdot \rho \cdot g = 1000\Delta x \cdot 2500 \cdot 9{,}81 = 24525000\Delta x N$.

Um die Scheibe in die Höhe x (x in m) zu heben, wird die Arbeit $W_x = 24.525.000 \cdot \Delta x \cdot x$ J benötigt.

Um den Gesamtquader aufzutürmen, wird die Arbeit

$$W = \sum W_x = \int\limits_0^{40} 24.252.000 \cdot x \cdot \Delta x = [24.525.000 \cdot \frac{x^2}{2}]_0^{40} = 1{,}962 \cdot 10^{10} \text{ J}$$ benötigt.

2. Wir betrachten die in der Höhe x liegende Querschnittsscheibe Q_x, deren Dicke Δx beträgt. Wir berechnen zunächst ihren Radius r_x.

Wegen $\frac{x}{y} = \tan 60° = \sqrt{3}$ gilt $y = \frac{x}{\sqrt{3}}$ und daher $r_x = 1 - y = 1 - \frac{x}{\sqrt{3}}$.

Die Scheibenfläche ist also $A_x = \pi \cdot r_x^2 = \pi(1 - \frac{x}{\sqrt{3}})^2$.

Das Scheibenvolumen ist $V_x = A_x \cdot \Delta x = \pi(1 - \frac{x}{\sqrt{3}})^2 \cdot \Delta x$.

Die Scheibenmasse ist $m_x = V_x \cdot \rho = \pi(1 - \frac{x}{\sqrt{3}})^2 \cdot \Delta x \cdot 1600$.

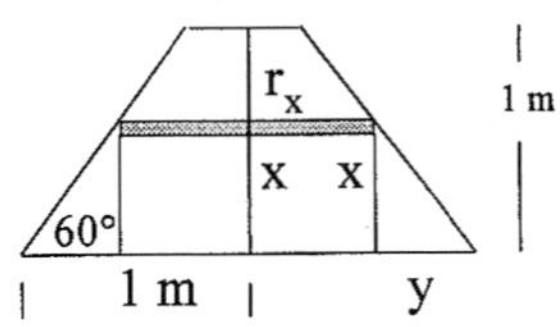

Die Gewichtskraft ist $F_x = m_x \cdot g = \pi(1-\frac{x}{\sqrt{3}})^2 \cdot \Delta x \cdot 1600 \cdot 9{,}81$. 69
Die zum Heben vom Boden in die Höhe x benötigte Arbeit ist

$$W_x = F_x \cdot x = \pi \cdot 1600 \cdot 9{,}81 \cdot (1-\frac{x}{\sqrt{3}})^2 \cdot x \cdot \Delta x.$$

Für den Aufbau des Ameisenhaufens wird also insgesamt die Arbeit

$$W = \sum W_x = \int_0^1 \pi \cdot 1600 \cdot 9{,}81 \cdot (1-\frac{x}{\sqrt{3}})^2 \cdot x \cdot dx$$

$$= 49285{,}44 \cdot \int_0^1 (1-\frac{x}{\sqrt{3}})^2 \cdot x \cdot dx = 49285{,}44 \cdot \int_0^1 (\frac{x^3}{3} - \frac{2}{\sqrt{3}}x^2 + x)dx$$

$$= 49285{,}44 \cdot [\frac{x^4}{12} - \frac{2}{3\sqrt{3}}x^3 + \frac{1}{2}x^2]_0^1 = 9779{,}87 \text{ J}$$ benötigt.

5. Das Volumen von Rotationskörpern

1. $f(x) = a\sqrt{x}$, $P(20|30)$, $30 = a\sqrt{20}$, $a = \frac{15}{\sqrt{5}}$, $f(x) = 3\sqrt{5x}$ 71

$$V = \pi \int_0^{20} (3\sqrt{5x})^2\, dx = \pi \int_0^{20} 45x\,dx = \pi[\frac{45}{2}x^2]_0^{20} = 9000\pi \approx 28274{,}33\text{cm}^3 \approx 28{,}3 \text{ Liter}$$

2. $V = \pi \int_1^2 (x^2+1)^2\, dx = \pi[\frac{1}{5}x^5 + \frac{2}{3}x^3 + x]_1^2 = 37{,}28$ 72

3. $V = \pi \int_0^h r^2 dx = [\pi r^2 \cdot x]_0^h = \pi r^2 h$

4. a) $V = \pi \int_1^4 x\,dx = \pi[\frac{1}{2}x^2]_1^4 = 7{,}5\pi \approx 23{,}56$ 74

b) $V = \pi \int_{-1}^{1} (x^8 - 2x^6 + x^4)dx = \pi[\frac{1}{9}x^9 - \frac{2}{7}x^7 + \frac{1}{5}x^5]_{-1}^{1} = 2\pi \cdot (\frac{1}{9} + \frac{1}{5} - \frac{2}{7}) \approx 0{,}16$

c) $V = \pi \cdot \int_{-2}^{1} (\frac{1}{4}x^2 + 2x + 4)dx = \pi[\frac{1}{12}x^3 + x^2 + 4x]_{-2}^{1} = 9{,}75\pi \approx 30{,}63$

74 4. d) $V = \pi\int_0^4 ((x-2)^4 - 8(x-2)^2 + 16)dx = \pi[\frac{1}{5}(x-2)^5 - \frac{8}{3}(x-2)^3 + 16x]_0^4 \approx 107{,}23$

e) $V = \pi\int_{-1}^{1}(1-x^2)dx = \pi[x - \frac{1}{3}x^3]_{-1}^{1} = \frac{4}{3}\pi$

f) $V = \pi\int_0^2 f^2(x)dx = \pi[\frac{1}{7}x^7 - \frac{2}{3}x^6 + \frac{6}{5}x^5 - x^4 + \frac{1}{3}x^3]_0^2 = \frac{24}{35}\pi \approx 2{,}15$

5. a) $f(x) = ax^2 + b$
$f(0) = 8{,}97 = b$, $f(14{,}29) = 0$, $a = -0{,}044$
$f(x) = -0{,}044x^2 + 8{,}97$

b) $V = 2\pi\int_0^{14,29} f(x)dx = [0{,}00038x^5 - 0{,}26x^3 + 80{,}46x]_0^{14,29} \approx 3850$

Der Football fasst ca. 3,85 Liter.

6. a) $f(x) = b\cdot\sqrt{1-(\frac{x}{a})^2}$, $f(0) = 2$, $b = 2$, $f(3) = 0$, $a = 3$

$f(x) = 2\cdot\sqrt{1-\frac{x^2}{9}}$

b) $V = 2\pi\int_0^3 f(x)dx = 8\pi[x - \frac{x^3}{27}]_0^3 = 16\pi \approx 50{,}27$

Das Eivolumen beträgt ca. 50,27 cm³.

7. a) $f(x) = a\sqrt{x}$, $f(3) = 2$, $a \approx 1{,}15$, $f(x) = 1{,}15\sqrt{x}$

b) Volumen: $V = \pi\int_0^3 1{,}32x\,dx = \pi[0{,}66x^2]_0^3 \approx 18{,}66$

c) $V_{Zylinder} = \pi\cdot 4\cdot h \approx 6\pi \quad\Rightarrow\quad h = 1{,}5$
Die Flüssigkeit steht bis zur Höhe von 1,5 auf der y-Achse, also 2,5 über dem Boden des Behälters.

Test

1. a) $F(x) = x^2 - \frac{1}{2}x$, f hat bei $x = \frac{1}{4}$ eine Nullstelle 78

$A = A_1 + A_2$

$A_1 = |F(\frac{1}{4}) - F(0)| = 0{,}0625$

$A_2 = F(4) - F(\frac{1}{4}) = 14 + 0{,}0625 = 14{,}0625$

$A = 14{,}125$

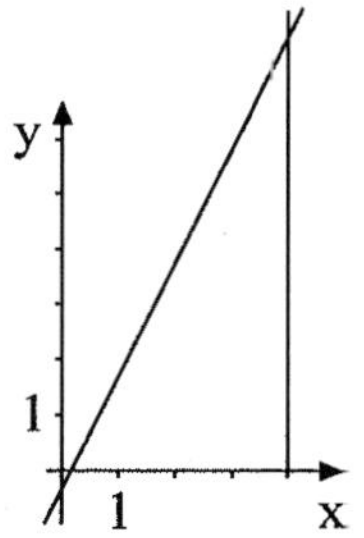

b) $F(x) = \frac{1}{4}x^4 - 2x^3 + 4x^2$, f hat bei $x = 2$ eine Nullstelle

$A = A_1 + A_2$

$A_1 = F(2) - F(0) = 4$, $A_2 = |F(3) - F(2)| = 1{,}75$

$A = 5{,}75$

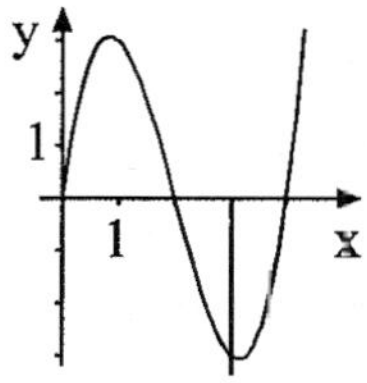

2. a) $F(x) = \frac{1}{6}x^3 - 4x$, $A = |F(2) - F(0)| = \frac{20}{3} \approx 6{,}67$

b) $A = A_1 + A_2$

$F(x) = \frac{4}{3}\sqrt{x^3}$, $G(x) = \frac{2}{3}x^3 - 4x^2 + 8x$

$A_1 = F(1) - F(0) = \frac{4}{3} \approx 1{,}33$, $A_2 = G(3) - G(1) = 6 - \frac{14}{3} \approx 1{,}33$

$A = \frac{8}{3} \approx 2{,}67$

3. a) $f(x) = \frac{1}{6}(x+3)^2 = \frac{1}{6}x^2 + x + \frac{3}{2}$, $g(x) = \frac{1}{8}(x-4)^2 = \frac{1}{8}x^2 - x + 2$

b) $F(x) = \frac{1}{18}(x+3)^3$, $A_1 = F(0) - F(-3) = \frac{3}{2} - 0 = \frac{3}{2}$

$G(x) = \frac{1}{24}(x-4)^3$, $A_2 = G(4) - G(0) = 0 + \frac{8}{3} = \frac{8}{3}$

$A = A_1 + A_2 = \frac{25}{6} \approx 4{,}17$ m^2 beträgt die Querschnittsfläche der Rampe.

c) $V = 25\ m^3$, $m = 25 \cdot 2{,}3m^3 \cdot \frac{g}{cm^3} = 25 \cdot 2{,}3 \frac{1000000kg}{1000m^3} = 57500$ kg

Die Rampe wiegt 57,5 Tonnen.

4. Die Graphen schneiden sich bei $x = 0$ und $x = 6$.

$$A = \int_0^6 (f(x) - g(x))dx = [-\tfrac{1}{12}x^3 + \tfrac{3}{4}x^2]_0^6 = 9$$

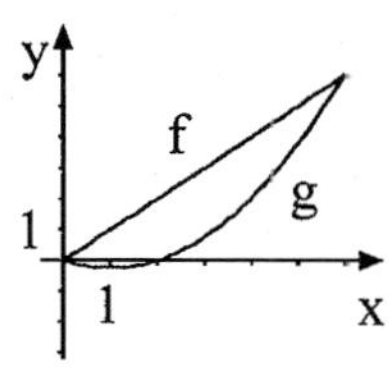

5. $f(x) = 5 - \frac{5}{36}x^2$, $g(x) = 4 - \frac{4}{30{,}25}x^2$, $F(x) = 5x - \frac{5}{108}x^3$, $G(x) = 4x - \frac{4}{90{,}75}x^3$

$A = 2(F(5{,}5) - G(5.5)) + 2(F(6) - F(5{,}5)) = 2(F(6) - G(5{,}5)) = 2(20 - \frac{44}{3}) = \frac{32}{3} \approx 10{,}57$

$V = 10{,}67m^2 \cdot 0{,}2m \approx 2{,}13\ m^3$, $m \approx 2{,}13m^3 \cdot 0{,}7 \frac{g}{cm^3} = 1491$ kg

Die Rahmung wiegt ca. 1491 kg bzw. 1,491 Tonnen.

1. Produktregel und Kettenregel

81 1. a) $f'(x) = 4x^3 \cdot x^5 + x^4 \cdot 5x^4 = 9x^8$ $\quad f'(x) = [x^9]' = 9x^8$

b) $f'(x) = 6x^2 \cdot 3x^4 + 2x^3 \cdot 12x^3 = 42x^6$ $\quad f'(x) = [6x^7]' = 42x^6$

c) $f'(x) = (3x^2 + 2x) \cdot (x^2 + x) + (x^3 + x^2) \cdot (2x + 1) = 5x^4 + 8x^3 + 3x^2$

$f'(x) = [x^5 + 2x^4 + x^3]' = 5x^4 + 8x^3 + 3x^2$

d) $f'(x) = \frac{1}{2\sqrt{x}} \cdot \sqrt{x} + \sqrt{x} \cdot \frac{1}{2\sqrt{x}} = 1$ $\quad f'(x) = [x]' = 1$

e) $f'(x) = 3x^2 \cdot \frac{1}{x} - x^3 \cdot \frac{1}{x^2} = 2x$ $\quad f'(x) = [x^2]' = 2x$

f) $f'(x) = (3ax^2 + 2bx) \cdot \frac{1}{x^2} - (ax^3 + bx^2) \cdot \frac{2}{x^3} = a$ $\quad f'(x) = [ax + b]' = a$

2. a) $f'(x) = 2x \cdot (x^3 - 5) + (x^2 + 3) \cdot 3x^2$ $\quad$ b) $f'(x) = \sqrt{x} + x \cdot \frac{1}{2\sqrt{x}}$

c) $f'(x) = -2x(1 + x^2) + (1 - x^2) \cdot 2x$ $\quad$ d) $f'(x) = 3x^2 \cdot \sqrt{x} + x^3 \cdot \frac{1}{2\sqrt{x}}$

e) $f(x) = x \cdot \frac{1}{x+1}$, $\quad f'(x) = \frac{1}{x+1} - x \cdot \frac{1}{(x+1)^2} = \frac{1}{(x+1)^2}$

f) $f'(x) = -\frac{1}{x^2} \cdot \sqrt{x} + \frac{1}{x} \cdot \frac{1}{2\sqrt{x}}$

84 3. $(x \cdot \sqrt{x})' = \sqrt{x} + x \cdot \frac{1}{2\sqrt{x}} = \frac{3x}{2\sqrt{x}}$, $\quad (\sqrt{x^3})' = \frac{1}{2\sqrt{x^3}} \cdot 3x^2 = \frac{3x}{2\sqrt{x}}$

85 4. a) $k'(x) = 3(1+4x)^2 \cdot 4 = 12 + 96x + 192x^2 = (1 + 12x + 48x^2 + 64x^3)'$

b) $k'(x) = 2(9x - 1) \cdot 9 = 162x - 18 = (81x^2 - 18x + 1)'$

c) $k'(x) = 2(a+bx)b = 2b^2x + 2ab = (a^2 + 2abx + b^2x^2)'$

5. a) $k'(x) = 4(1-x)^3 \cdot (-1)$ $\quad$ b) $k'(x) = \frac{-2}{2\sqrt{4-2x}}$

c) $k'(x) = -\frac{5}{(5x-2)^2}$ $\quad$ d) $k'(x) = 2(1 + x^2) \cdot 2x$

e) $k'(x) = -\frac{1}{x} \cdot \frac{1}{2\sqrt{x}} = -\frac{1}{2x\sqrt{x}}$ $\quad$ f) $k'(x) = -\frac{1}{2\sqrt{\frac{1}{x}}} \cdot \frac{1}{x^2} = -\frac{1}{2x\sqrt{x}}$

86 6. a) $f'(x) = (1+x^2) + x \cdot 2x = 1 + 3x^2$ $\quad f'(x) = [x + x^3]' = 1 + 3x^2$

b) $f'(x) = -\frac{1}{x^2} \cdot x^4 + \frac{1}{x} \cdot 4x^3 = 3x^2$ $\quad f'(x) = [x^3]' = 3x^2$

c) $f'(x) = \frac{1}{2\sqrt{x}} \cdot \sqrt{x} + \sqrt{x} \cdot \frac{1}{2\sqrt{x}} = 1$ $\quad f'(x) = [x]' = 1$

d) $f'(x) = 2x \cdot (2x^2 + 5) + (x^2 - 1) \cdot 4x = 8x^3 + 6x$ $\quad f'(x) = [2x^4 + 3x^2 - 5]' = 8x^3 + 6x$

e) $f'(x) = a \cdot (ax^2 + b) + (ax + b) \cdot 2ax$

$f'(x) = [a^2x^3 + abx^2 + abx + b^2]' = 3a^2x^2 + 2abx + ab$

f) $f'(x) = 2x \cdot \frac{1}{x} - (x^2 + 1) \cdot \frac{1}{x^2}$ $\quad f'(x) = [x + \frac{1}{x}]' = 1 - \frac{1}{x^2}$

86

7. a) $f'(x)=\frac{1}{2\sqrt{x}}\cdot(x+x^2)+\sqrt{x}\cdot(1+2x)$

b) $f'(x)=-\frac{1}{x^2}\cdot\frac{1}{x^2}-\frac{1}{x}\cdot\frac{2}{x^3}=-\frac{3}{x^4}$

c) $f'(x)=g'(x)\cdot x+g(x)$

d) $f'(x)=\frac{1}{\sqrt{2x+1}}\cdot\sqrt{x}+\sqrt{2x+1}\cdot\frac{1}{2\sqrt{x}}$

e) $f'(x)=-\frac{1}{(x+2)^2}\cdot\sqrt{x-1}+\frac{1}{x+2}\cdot\frac{1}{2\sqrt{x-1}}$

f) $f'(x)=\frac{1}{(1-x)^2}\cdot\frac{1}{x}-\frac{1}{(1-x)}\cdot\frac{1}{x^2}$

8. a) $f'(x)=3(1+5x)^2\cdot 5=15+150x+375x^2=(1+15x+75x^2+125x^3)'$

b) $f'(x)=3(x^2)^2\cdot 2x=6x^5=(x^6)'$

c) $f'(x)=2(1-3x)\cdot(-3)=18x-6=(1-6x+9x^2)'$

d) $f'(x)=\frac{2}{2\sqrt{2x}}=\sqrt{2}\cdot\frac{1}{2\sqrt{x}}=(\sqrt{2}\cdot\sqrt{x})'$

e) $f'(x)=3(1-x)^2$

f) $f'(x)=2(\sqrt{x}-2)\cdot\frac{1}{2\sqrt{x}}$

g) $f'(x)=\frac{x}{\sqrt{x^2-5}}$

h) $f'(x)=\frac{-1}{2\sqrt{2-x}}-\frac{1}{\sqrt{2x-2}}$

i) $f'(x)=2-\frac{0{,}5}{(3-0{,}5x)^2}$

9. a) $f'(x)=3(x^2-3)+(3x-1)2x$

b) $f'(x)=4-(1-x)^{-2}$

c) $f'(x)=4(1-x)^{-1}+(4x-1)(1-x)^{-2}$

d) $f'(x)=\frac{x}{\sqrt{x^2-1}}$

e) $f'(x)=-\frac{1}{(x-1)^2}\cdot\frac{1}{x+1}-\frac{1}{x-1}\cdot\frac{1}{(x+1)^2}$

f) $f'(x)=\frac{\frac{1}{x^2}}{2\sqrt{1-\frac{1}{x}}}$

10. a) $f'(x)=3(2x-1)^2\cdot 2\cdot\sqrt{x}+(2x-1)^3\cdot\frac{1}{2\sqrt{x}}$

b) $f'(x)=-\frac{1}{x^2}\cdot(4x+3)^2+\frac{1}{x}\cdot 2(4x+3)\cdot 4$

c) $f'(x)=2(x+1)(1-x)^4-(x+1)^2(1-x)^3$

d) $f'(x)=\frac{-1}{2\sqrt{1-x}}\cdot\frac{1}{x}+\sqrt{1-x}\cdot(-\frac{1}{x^2})$

e) $f'(x)=4(x-1)^3\cdot(2x+1)^2+4(x-1)^4\cdot(2x+1)$

f) $f'(x)=\frac{\sqrt{x-1}}{\sqrt{2x+1}}+\frac{\sqrt{2x+1}}{2\cdot\sqrt{x-1}}$

11. a) $f'(x)=6(2x)^2\cdot\frac{1}{2x}+(2x)^3\cdot\frac{-1}{2x^2}=8x$

b) $f'(x)=\frac{3}{(1-x)^2}\cdot(3x)^{-2}-\frac{18}{1-x}\cdot(3x)^{-3}$

c) $f'(x)=\frac{5}{2\sqrt{5x-1}}\cdot(4x)^5+\sqrt{5x-1}\cdot 20(4x)^4$

d) $f'(x)=(7x-2)^2+14x(7x-2)$

e) $f'(x)=\frac{3(2x)^2-1}{\sqrt{(2x)^3-2x}}$

f) $f'(x)=4(2x-3)(2-3x)^{-2}+6(2x-3)^2(2-3x)^{-3}$

88 12. a) $f'(x)=4x^3(x^3+1)+(x^4-4)\cdot 3x^2=7x^6+4x^3-12x^2$

b) $f'(x)=(1-5x^4)\cdot\sqrt{x}+(x-x^5)\cdot\frac{1}{2\sqrt{x}}$

c) $f'(x)=(-\frac{1}{x^2})(\frac{1}{x}+1)+(\frac{1}{x}-1)(-\frac{1}{x^2})=-\frac{2}{x^3}$

d) $f'(x)=\dfrac{\frac{x}{2\sqrt{x}}-(1+\sqrt{x})}{x^2}=\dfrac{-2-\sqrt{x}}{2x^2}$

e) $f'(x)=(2x+5)\cdot\sqrt{x}+(x^2+5x-4)\cdot\frac{1}{2\sqrt{x}}$

f) $f'(x)=\dfrac{\sqrt{x-1}}{2\sqrt{x+1}}+\dfrac{\sqrt{x+1}}{2\sqrt{x-1}}=\dfrac{x}{\sqrt{x^2-1}}$

13. a) $f'(x)=16(2x-1)^7$

b) $f'(x)=-\frac{8}{(8x+1)^2}$

c) $f'(x)=\frac{3}{\sqrt{6x-2}}$

d) $f'(x)=\dfrac{-4x+1}{(2x^2-x)^2}$

e) $f'(x)=2(\sqrt{x}-1)\cdot\frac{1}{2\sqrt{x}}$

f) $f'(x)=\frac{x}{\sqrt{x^2-1}}$

14. a) $f'(x)=\sqrt{2x}+\frac{x}{\sqrt{2x}}$

b) $f'(x)=8(2x-1)^3+6x$

c) $f'(x)=24(2x-1)^3x^2+6(2x-1)^4x$

d) $f'(x)=\frac{2}{(1-2x)^2}-\frac{2}{(x-2)^2}$

e) $f'(x)=-4(2x+1)+2(3-4x)$

f) $f'(x)=-25x(5x-1)^{-6}+(5x-1)^{-5}$

15. a) $h'(x)=\dfrac{3(2x+1)}{\sqrt{2x+1}}$

b) $h'(x)=2(\sqrt{x}+\frac{1}{\sqrt{x}})(\frac{1}{2\sqrt{x}}-\frac{1}{2x\sqrt{x}})$

c) $h'(x)=\dfrac{x}{2\sqrt{\sqrt{x^2+1}}\cdot\sqrt{x^2+1}}$

d) $h'(x)=4((x^2+1)^2+x)^3\cdot(2(x^2+1)\cdot 2x+1)$

16. a) $f'(x)=4x\cdot\sqrt{x^2-1}+\dfrac{(2x^3-x)}{\sqrt{x^2-1}}$

b) $f'(x)=\dfrac{\sqrt{x}+\frac{x}{2\sqrt{x}}}{2\sqrt{x\cdot\sqrt{x}}}=\dfrac{3x}{4x\cdot\sqrt{\sqrt{x}}}$

c) $f'(x)=12x^2(x^3-1)^3\cdot(\sqrt{x}+x)+(x^3-1)^4\cdot(\frac{1}{2\sqrt{x}}+1)$

d) $(2x+\frac{3x^2}{2\sqrt{x^3}})\cdot\sqrt{2x}+(x^2+\sqrt{x^3})\frac{1}{\sqrt{2x}}$

17. a) $f'(x)=\frac{2}{3\sqrt[3]{4x^2}}$

b) $f'(x)=\frac{5}{4\sqrt[4]{125x^3}}$

c) $f'(x)=2(2x)^{-0,8}$

d) $f'(x)=\frac{2\sqrt{3}\cdot x}{3\sqrt[3]{4x^2}}+\sqrt[3]{2x}\cdot\sqrt{3}$

e) $f(x)=3(4x)^{-0,2}$, $f'(x)=-2,4(4x)^{-1,2}$

f) $f'(x)=-0,1(1-x)^{-0,9}(2x)^{1,5}+3(1-x)^{0,1}(2x)^{0,5}$

g) $f'(x)=-7,5(2+3x)^{-3,5}(5x)^{0,5}+2,5(2+3x)^{-2,5}(5x)^{-0,5}$

h) $f'(x)=\frac{1}{3\sqrt[3]{x}}\cdot\frac{1}{2\sqrt{x}}$

i) $f'(x)=-1,2(1-\sqrt{x})^{0,2}\cdot\frac{1}{\sqrt{2}}+(1-\sqrt{x})^{1,2}\cdot\frac{1}{\sqrt{2x}}$

18. $(f^{-1})'=-f^{-2}f'=\frac{-f'}{f^2}$

19. a) $f'(x) = \frac{1}{1-x} + \frac{x}{(1-x)^2} = \frac{1}{(1-x)^2}$ 88

b) $f'(x) = \frac{2}{1+x} - \frac{1+2x}{(1+x)^2} = \frac{1}{(1+x)^2}$

c) $f'(x) = \frac{-5}{1+10x} - \frac{10-50x}{(1+10x)^2} = \frac{-15}{(1+10x)^2}$

20. a) $f(x) = \frac{3}{x+1}$, $f'(x) = \frac{-3}{(x+1)^2}$, $f''(x) = \frac{6x}{(x+1)^3}$

b) $f'(x) = \frac{1}{x+2} - \frac{1+x}{(x+2)^2} = \frac{1}{(x+2)^2}$, $f''(x) = \frac{-2}{(x+2)^3}$

c) $f'(x) = \frac{2x}{(x-1)^2} - \frac{2x^2+2}{(x-1)^3} = \frac{-2(x+1)}{(x-1)^3}$, $f''(x) = \frac{4x+8}{(x-1)^4}$

d) $f'(x) = \frac{a}{ax+b} - \frac{a^2x}{(ax+b)^2} = \frac{a-a^2x}{(ax+b)^2}$, $f''(x) = \frac{-a^2}{(ax+b)^2} - \frac{2a^2-2a^3x}{(ax+b)^3} = \frac{2a^3x-3a^2}{(ax+b)^3}$

2. Lineare Substitutionsregel

1. a) $F(x) = \frac{1}{20} \cdot (3+4x)^5 + C$ b) $F(x) = -\frac{1}{7} \cdot (1-x)^7 + C$ 90

c) $F(x) = -\frac{1}{4} \cdot (2x+3)^{-2} + C$ d) $F(x) = \frac{2}{3}\sqrt{3x} + C$

e) $F(x) = \frac{1}{1-x} + C$ f) $F(x) = \frac{1}{4(1-2x)^2} + C$

2. a) $\int (x+2)^2\,dx = \frac{1}{3}(x+2)^3 + C$ b) $\int (3x-8)^7\,dx = \frac{1}{24}(3x-8)^8 + C$

c) $\int \frac{1}{(2x+5)^3}\,dx = \frac{-1}{4(2x+5)^2} + C$

3. a) $F(x) = \frac{1}{a(n+1)}(ax+b)^{n+1} + C$ b) $F(x) = \frac{-a}{b(n-1)(bx+c)^{n-1}} + C$

c) $F(x) = \frac{2}{3a}(ax+b)^{\frac{3}{2}} + C$

Die Bogenlänge

92 1. a) $l = \int_0^2 \sqrt{1+4}\,dx = [\sqrt{5}\cdot x]_0^2 = 2\sqrt{5} \approx 4{,}47$

b) $f'(x) = \frac{1}{2}x^3 - \frac{1}{2x^3}$, $(f'(x))^2 = \frac{1}{4}x^6 - \frac{1}{2} + \frac{1}{4x^6}$

$$l = \int_1^3 \sqrt{1+\tfrac{1}{4}x^6 - \tfrac{1}{2} + \tfrac{1}{4x^6}}\,dx = \int_1^3 \sqrt{(\tfrac{1}{2}x^3 + \tfrac{1}{2x^3})^2}\,dx = \int_1^3 (\tfrac{1}{2}x^3 + \tfrac{1}{2x^3})dx$$

$$= [\tfrac{1}{8}x^4 - \tfrac{1}{4x^2}]_1^3 = 10\tfrac{2}{9} \approx 10{,}22$$

c) $f'(x) = \frac{(4x-3)}{2\sqrt{x}\cdot 6} + \sqrt{x}\cdot\frac{4}{6}$, $(f'(x))^2 = x - \frac{1}{2} + \frac{1}{16x}$

$$l = \int_0^9 \sqrt{1 + x - \tfrac{1}{2} + \tfrac{1}{16x}}\,dx = \int_0^9 \sqrt{(\sqrt{x} + \tfrac{1}{4\sqrt{x}})^2}\,dx = \int_0^9 (\sqrt{x} + \tfrac{1}{4\sqrt{x}})\,dx$$

$$= [\tfrac{2}{3}x^{\frac{3}{2}} + \tfrac{\sqrt{x}}{2}]_0^9 = 18 + \tfrac{3}{2} = 19{,}5$$

2. $f'(x) = \frac{-x}{\sqrt{1-x^2}}$, $(f'(x))^2 = \frac{x^2}{1-x^2}$

$$l = \int_{-1}^1 \sqrt{1+\tfrac{x^2}{1-x^2}}\,dx = \int_{-1}^1 \sqrt{\tfrac{1}{1-x^2}}\,dx \quad \text{(Halbkreis)}$$

$$\int \sqrt{\tfrac{1}{1-x^2}}\,dx = \int \tfrac{1}{\sqrt{1-\sin^2 z}}\cos z\,dz = \int dz = z + C = \arcsin x + C$$

$$l = [\arcsin x]_{-1}^1 = \pi \quad \text{(Halbkreis)}$$

Umfang des Einheitskreises: $U = 2\cdot l = 2\pi$

3. $\int_1^4 \sqrt{1+\frac{16}{x^4}}\,dx$; ein CAS liefert den Näherungswert 4,528.

Die Fahrt dauert 4,528 : 8 = 0,566 Stunden, also etwa 34 Minuten.

Test

1. a) $f'(x) = 2x(x^2 - 1) + 2x(x^2 + 1) = 4x^3$

b) $f'(x) = a(1 - x^2) - 2x(ax - b)$
$= -3ax^2 + a - 2bx$ 94

c) $f'(x) = \frac{1}{x} - \frac{x+1}{x^2} = -\frac{1}{x^2}$

2. a) $f'(x) = \frac{-5x^2+1}{2\sqrt{x}}$, $f''(x) = \frac{-15x^2-1}{4x\sqrt{x}}$

b) Nullstellen: $x_1 = 1$, $x_2 = 0$

Extrema: $f'(x) = \frac{-5x^2+1}{2\sqrt{x}} = 0$, $x = \sqrt{\frac{1}{5}}$
$Mi(0{,}45 \mid 0{,}53)$

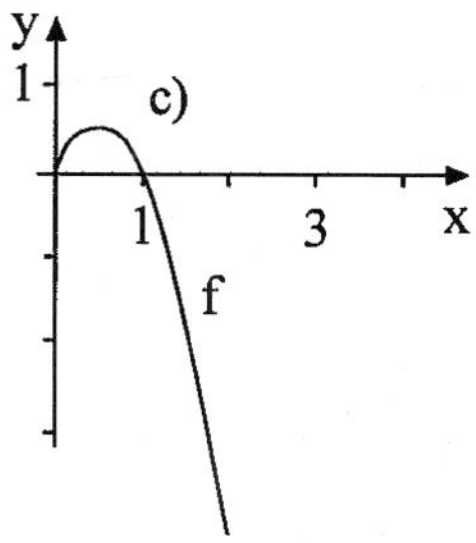

d) $t(x) = mx + n$, $m = f'(1) = -2$
$0 = -2 + n$, $n = 2$
$t(x) = -2x + 2$

e) $n(x) = \frac{1}{2}x + n$, $0 = \frac{1}{2} + n$, bei $y = -0{,}5$
$n(x) = \frac{1}{2}x - \frac{1}{2}$

3. a) $f'(x) = 3(2x+1)^2 \cdot 2$

b) $f'(x) = \frac{-4}{\sqrt{1-8x}}$

c) $f'(x) = 2(ax - bx)(a - b) = 2(a - b)^2 \cdot x$

4. a) $f'(x) = 2x \cdot u(x) \cdot v(x) + x^2 \cdot u'(x) \cdot v(x) + x^2 \cdot u(x) \cdot v'(x)$

b) $f'(x) = u'(x) \cdot v(x) + u(x) \cdot v'(x)$
$f''(x) = u''(x) \cdot v(x) + 2u'(x) \cdot v'(x) + u(x) \cdot v''(x)$

5. a) $F(x) = -\frac{1}{16}(2 - 4x)^4 + C$

b) $F(x) = \frac{2}{45(3-15x)^3} + C$

c) $F(x) = \frac{8}{9}(3x - 1)^{\frac{3}{2}} + x + C$

IV. Exponentialfunktionen
1. Grundlagen

97 1. Zerfallsfunktion: $N(t) = 20 \cdot 0{,}87^t$

Halbwertszeit: $T = \frac{\log 0{,}5}{\log 0{,}87} \approx 4{,}98 \approx 5$

99 2. $K_M(t) = 10000 \cdot 1{,}05^t$, $20000 = 10000 \cdot 1{,}05^t \Rightarrow 2 = 1{,}05^t \Rightarrow t \approx 14{,}207$

Nach 14 Jahren sind 20000 € noch nicht erreicht, aber nach 15 Jahren.

$K_M(t) = K_D(t)$: $10000 \cdot 1{,}05^t = 8000 \cdot 1{,}07^t$, $\ln\frac{5}{4} = t \cdot \ln\frac{1{,}07}{1{,}05} \Rightarrow t \approx 11{,}826$

Die ersten 11 Jahre und auch im 12. Jahr besitzt Müller das größere Kapital. Erst nach 12 Jahren liegt Dorn vorne.

Den Ansatz $30000 = 10000 \cdot 1{,}05^t + 8000 \cdot 1{,}07^t$ löst man durch Probieren:

Nach 8 Jahren beträgt das gemeinsame Kapital etwa 28520 € und nach 9 Jahren hat mit 30220,96 € die 30000 €-Grenze überschritten.

100 3. 1. Tabelle: Quotient stets etwa 1,8 (Wachstum) , $N(t) = 50 \cdot 1{,}8^t$

2. Tabelle: Quotient stets etwa 0,6 (Zerfall) , $N(t) = 9260 \cdot 0{,}6^t$

3. Tabelle: Quotient stets etwa 1,96 (Wachstum) , $N(t) = 100 \cdot 1{,}4^t$

4. Tabelle: Quotient stets etwa 1,21 (Wachstum) , $N(t) = 200 \cdot 1{,}1^t$
(Abweichung beim letzten Wert)

4. a)

t	0	1	2	3	4	5
N(t)	5	6,2	7,8	9,8	12,2	15,2

Quotient stets etwa 1,25

b) $N(t) = 5 \cdot 1{,}25^t$ c) $T \approx 3{,}1$

d) $10 = 5 \cdot 1{,}25^t \Rightarrow t = \frac{\log 2}{\log 1{,}25} \approx 3{,}1$

5. b) $10 = 0{,}5 \cdot 1{,}5^x \Rightarrow x = \frac{\log 20}{\log 1{,}5} \approx 7{,}4$

$10 = 3 \cdot 0{,}4^x \Rightarrow x = \frac{\log\frac{10}{3}}{\log 0{,}4} \approx -1{,}31$

c) $0{,}5 \cdot 1{,}5^x = 3 \cdot 0{,}4^x$, $3{,}75^x = 6 \Rightarrow x = \frac{\log 6}{\log 3{,}75} \approx 1{,}36$

d) Probieren mit dem TR: $[0{,}65; 2{,}4]$

a)

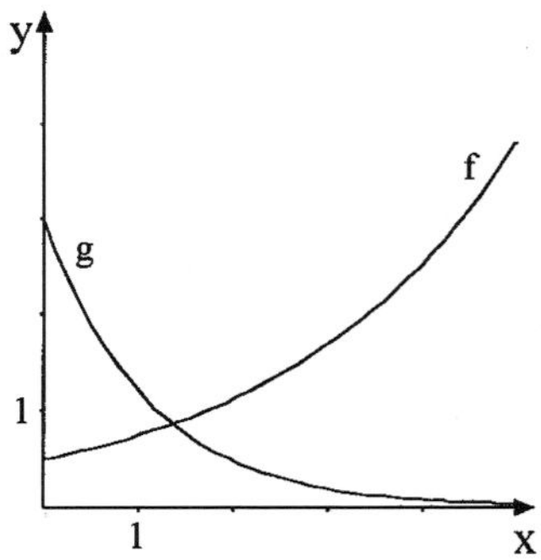

6. a) Ansatz: $N(t) = 1000 \cdot a^t$, Punktprobe mit (6|160000): 100

$$160000 = 1000 \cdot a^6 \quad \Leftrightarrow \quad a^6 = 160 \quad \Rightarrow \quad a = \sqrt[6]{160} \approx 2{,}33$$

$$N(t) = 1000 \cdot 2{,}33^t$$

b) $T = \frac{\log 2}{\log 2{,}33} \approx 0{,}82$

c) $1000000 = 1000 \cdot 2{,}33^t \quad \Rightarrow \quad t = \frac{\log 1000}{\log 2{,}33} \approx 8{,}17$, $0{,}17h = 0{,}17 \cdot 60\,\text{min} \approx 10\,\text{min}$

Etwa um 18.10 Uhr wird die Infektionsdosis erreicht sein.

d) $N(8) = 1000 \cdot 2{,}33^8 \approx 868655$

Neue Wachstumsfunktion ab 18.00 Uhr:

$$N_{12^\circ}(t) = 868655 \cdot a^t \quad \textit{mit} \quad 4 \cdot 0{,}82 = \frac{\log 2}{\log a} \quad \Leftrightarrow \quad \log a = \frac{\log 2}{3{,}28} \approx 0{,}092\,, \quad a = 10^{0{,}092} \approx 1{,}24$$

$$N_{12^\circ}(t) = 868655 \cdot 1{,}24^t$$

$$1000000 = 868655 \cdot 1{,}24^t \quad \Rightarrow \quad t = \frac{\log \frac{1000000}{868655}}{\log 1{,}24} \approx 0{,}65\,h = 39\,\text{min}$$

Etwa um 18.39 Uhr, also ein Aufschub von etwa 19 Minuten.

2. Die natürliche Exponentialfunktion $f(x) = e^x$

102 1. c) $(3^x)' = \lim\limits_{h\to 0} \frac{3^{x+h} - 3^x}{h} = (\lim\limits_{h\to 0} \frac{3^h - 1}{h}) \cdot 3^x$

h	0,001	0,0001	0,00001	→ 0
$\frac{3^h-1}{h}$	1,09922	1,0987	1,099	→ 1,099

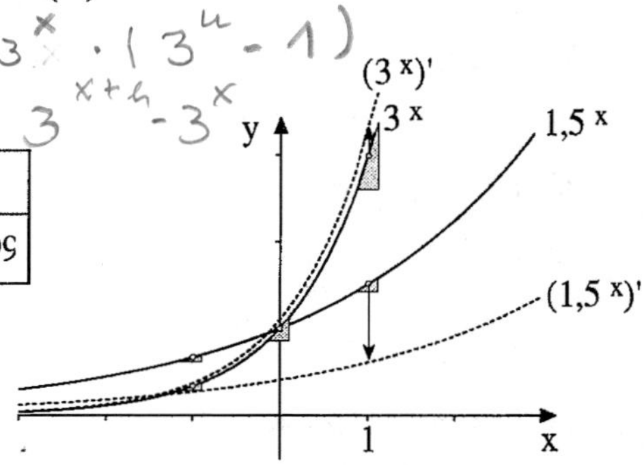

$(3^x)' \approx 1{,}099 \cdot 3^x$

d) $f'(0{,}5) = 1{,}099 \cdot \sqrt{3} \approx 1{,}904$

e) $t(x) = mx + n \quad \Rightarrow \quad m = f'(1) \approx 3{,}297$

$f(1) = 3 \quad \Rightarrow \quad 3 = 3{,}297 + n \quad \Rightarrow \quad n = -0{,}297$

$t(x) = 3{,}297x - 0{,}297$

2. a,b) s.o.

c) $(1{,}5^x)' = (\lim\limits_{h\to 0} \frac{1{,}5^h - 1}{h}) \cdot 1{,}5^x$

h	0,001	0,0001
$\frac{1{,}5^h-1}{h}$	0,405	0,4055

$(1{,}5^x)' \approx 0{,}4055 \cdot 1{,}5^x$

3. $(a^x)' = \lim\limits_{h\to 0} \frac{a^{x+h} - a^x}{h} = (\lim\limits_{h\to 0} \frac{a^x - 1}{h}) \cdot a^x$

105 4. c)

$e^{-x} = 5$

$\ln(e^{-x}) = \ln 5$

$-x = \ln 5$

$x = -\ln 5$

oder:

$e^{-x} = 5$

$\frac{1}{e^x} = 5$

$e^x = 0{,}2$

$\ln(e^x) = \ln 0{,}2$

$x = \ln 0{,}2 = -1{,}609$

a, b)

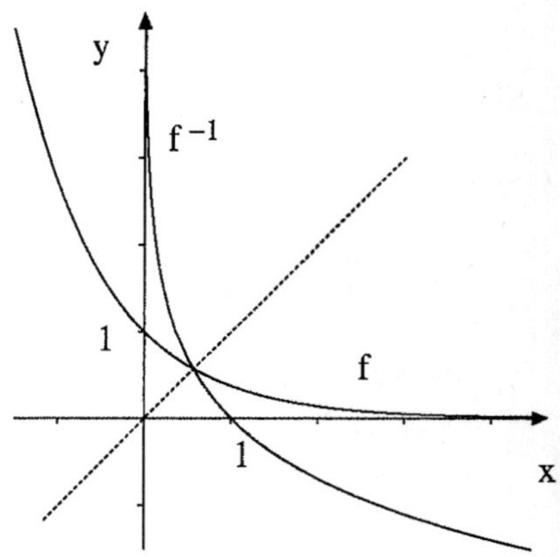

106 5. a) $f'(x) = -4e^{-4x}$, Kettenregel

b) $f'(x) = 2x \cdot e^{x^2}$, Kettenregel

c) $f'(x) = 2e^{2x+1}$

d) $f'(x) = -\frac{1}{2\sqrt{x}} \cdot e^{-\sqrt{x}}$, Kettenregel

e) $f'(x) = e^{0{,}5x}$, Kettenregel

f) $f'(x) = 1 - 3x^2 \cdot e^{x^3}$, Kettenregel

g) $f'(x) = -xe^x$, Produktregel

h) $f'(x) = (2x - x^2)e^{-x}$, Produkt- und Kettenregel

i) $f'(x) = \frac{1}{2\sqrt{x}} e^x + \sqrt{x} \cdot e^x$, Produktregel

j) $f'(x) = -2e^{-2x}$, Kettenregel 106

k) $f'(x) = e^x \cdot e^{e^x}$, Kettenregel

l) $f'(x) = (-x^3+6x)e^{-x}$, Produkt- und Kettenregel

m) $f'(x) = (2x - x^2) \cdot e^{-x}$, Produkt- und Kettenregel

n) $f'(x) = \frac{1}{2\sqrt{e^x}} \cdot e^x$, Produkt- und Kettenregel

o) $f'(x) = (-x^2 + 2x - 1) \cdot e^{-x}$, Produkt- und Kettenregel

p) $f'(x) = 2(x^2 - e^{-2x}) \cdot (2x + 2e^{-2x})$, Produkt- und Kettenregel

$(2x^2 - 2e^{-2x})(2x + 2e^{-2x}) = 2x^3 - 4xe^{-2x} + 4x^2 e^{-2x}$

6. a) falsch: In der Rechnung wurde die innere Ableitung von e^{4x} vergessen.
richtige Rechnung: $[(x^2+2) \cdot e^{4x}]' = 2xe^{4x} + (x^2+2) \cdot 4e^{4x} = e^{4x}(4x^2 + 2x + 8)$
b) falsch: Auch hier wurde die innere Ableitung vergessen.
richtige Rechnung: $[(e^x)^2 - 2e^x + 1]' = 2e^x \cdot e^x - 2e^x = 2e^x(e^x - 1)$
c) falsch:
richtige Rechnung: $[(2e^x + 4)^2]' = 2(2e^x + 4) \cdot 2e^x = 8e^{2x} + 16e^x$

7. Überprüfung mittels Bildung von F ' :
a) IV b) I c) II d) III

3. Elementare Funktionsuntersuchungen

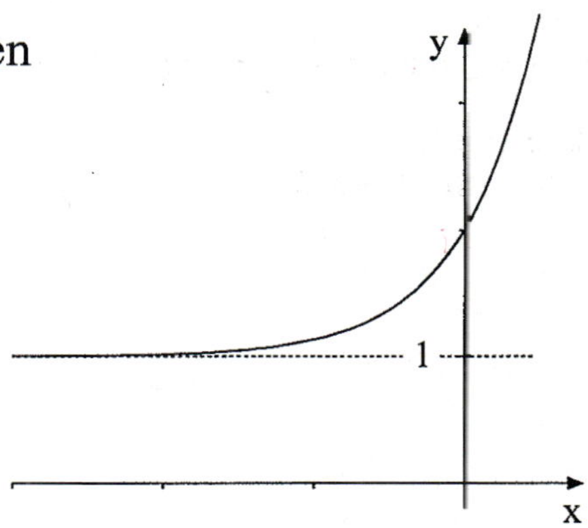

1. b) $W = [1;\infty)$, $\lim\limits_{x \to -\infty} f(x) = 1$ 107

c) $1{,}1 = e^{2x} + 1$
$0{,}1 = e^{2x}$
$x = \frac{\ln 0{,}1}{2} \approx -1{,}15$

d) $1000 = e^{2x} + 1$
$999 = e^{2x}$
$x = \frac{\ln 999}{2} \approx 3{,}45$

2. $2{,}5 \cdot e^x = e^{2x}$ 109
$2{,}5 = e^x$
$\ln 2{,}5 = x$
$x \approx 0{,}92$

3. Intervallhalbierungsverfahren:
$d(x) = e^x - 2x^2$
$d(1) = 0{,}7... > 0$, $d(2) = -0{,}6.. < 0$
$d(1{,}5) = -0{,}01.. < 0$, $d(1{,}4) = 0{,}13.. > 0$
führt auf $x \approx 1{,}4879$

109 4. $f(x)=e^{-x}$, $f'(x)=-e^{-x}$, $f(1)=e^{-1}$, $f'(1)=-e^{-1}$

Tangentengleichung:

$$t(x)=f'(1)\cdot(x-1)+f(1)=-e^{-1}\cdot(x-1)+e^{-1}=-\tfrac{1}{e}x+\tfrac{2}{e}\approx -0{,}37x+0{,}74$$

Normalengleichung:

$$n(x)=-\tfrac{1}{f'(1)}(x-1)+f(1)=\tfrac{1}{e^{-1}}(x-1)+e^{-1}=e\cdot x-e+e^{-1}\approx 2{,}72x-2{,}35$$

Nullstelle der Tangente:

$$-\frac{1}{e}\cdot x+\tfrac{2}{e}=0 \quad\Rightarrow\quad x=2$$

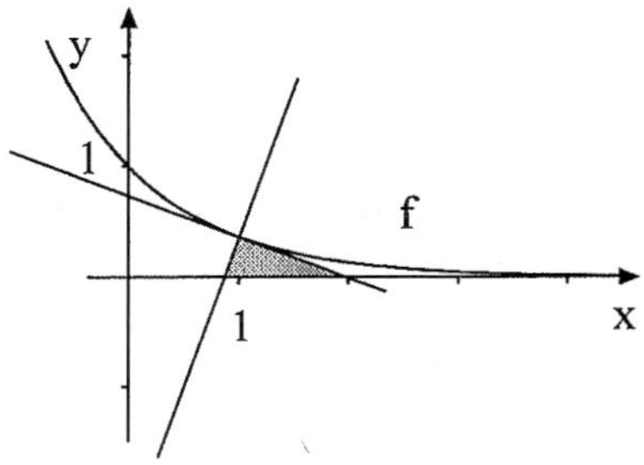

Nullstelle der Normalen:

$$e\cdot x-e+\tfrac{1}{e}=0 \quad\Rightarrow\quad x=1-\tfrac{1}{e^2}$$

Flächeninhalt:

$$A_D=\tfrac{1}{2}\cdot(2-1+\tfrac{1}{e^2})\cdot f(1)$$
$$=\tfrac{1}{2}\cdot(1+\tfrac{1}{e^2})\cdot\tfrac{1}{e}=\tfrac{1}{2e}+\tfrac{1}{2e^3}\approx 0{,}21 \text{ FE}$$

110 5. $f'(x)=e^{-2x}\cdot(-2)=-2e^{-2x}$

Steigung in $x=2$: $f'(2)=-2e^{-4}\approx -0{,}037$

Steigung $m=-1$: $-1=-2e^{-2x}$, $\tfrac{1}{2}=e^{-2x}$, $x=\tfrac{\ln 0{,}5}{-2}\approx 0{,}35$

Schnittpunkt mit der y-Achse: $f(0)=e^{-2\cdot 0}=1$

Steigung für $x=0$: $f'(0)=-2\cdot e^{0}=-2$

$\tan\alpha=-2 \Rightarrow \alpha\approx -63{,}43°$

Schnittwinkel mit der y-Achse: $\beta=90°-|\alpha|\approx 26{,}57°$

6. Schnittpunkt mit der y-Achse: $S(0|1)$

Normalengleichung:

$$n(x)=-\tfrac{1}{f'(0)}(x-0)+f(0) \quad,\quad f'(0)=0{,}5$$
$$=-2x+1 \quad,\quad \text{Nullstelle: } x=0{,}5$$

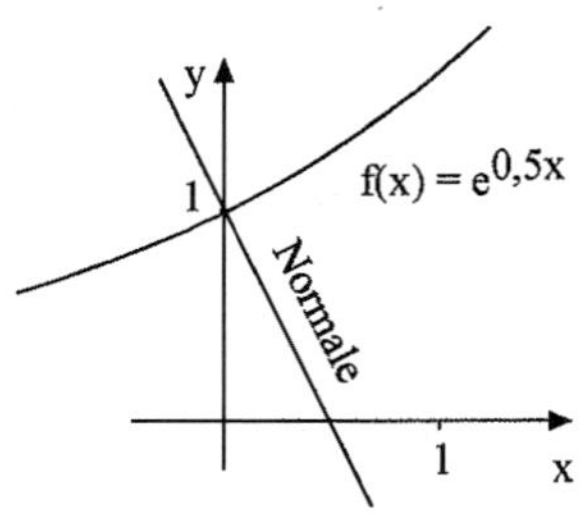

7. $f(x)=e^{-x}$

I. $mx=e^{-x}$

II. $m=-e^{-x} \Rightarrow -e^{-x}\cdot x=e^{-x}$, $x=-1$

in II.: $m=-e$, $g(x)=-ex$

8. Steigung der Sehne durch P und Q:

$$m=\frac{\Delta y}{\Delta x}=\frac{\frac{1}{e}-e}{1+1}=\frac{1}{2e}-\frac{e}{2}\approx -1{,}1752 \text{ , Tangente: } g(x)=-1{,}1752x+n$$

I. $f(x)=g(x) \Rightarrow e^{-x}=-1{,}1752x+n$

II. $f'(x)=g'(x) \Rightarrow -e^{-x}=-1{,}1752$, $x\approx -0{,}1614$ (in I) $n\approx 0{,}99$

$g(x)=-1{,}17x+0{,}99$

9. a) $f'(x) = g'(x)$, $e^x = 0{,}5 \cdot e^{0{,}5x}$, $e^{0{,}5x} = 0{,}5$, $x = \frac{\ln 0{,}5}{0{,}5} \approx -1{,}39$ 110

b) $n(x) = -\frac{1}{f'(-1{,}39)}(x+1{,}39) + f(-1{,}39) = -\frac{1}{0{,}25}(x+1{,}39) + 0{,}25 = -4x - 5{,}31$

10. a) $f(x) = x - 2 + e^{-x}$ 112

$f'(x) = 1 - e^{-x}$, $f'(x) = 0 \Rightarrow e^{-x} = 1 \Rightarrow x = 0$

$f''(x) = e^{-x}$, $f''(0) = e^{-0} = 1 > 0 \Rightarrow$ Min, $f(0) = -2 + e^0 = -1 \Rightarrow T(0|-1)$

b) $f(x) = x^2 \cdot e^{x+1}$

$f'(x) = (2x + x^2) \cdot e^{x+1}$

$f''(x) = (2 + 4x + x^2) \cdot e^{x+1}$

$f'(x) = 0 \Rightarrow x(2+x) = 0, x = 0, x = -2$

$f''(0) = 2e > 0 \Rightarrow T(0|0)$

$f''(-2) = -2e^{-1} < 0 \Rightarrow H(-2|\frac{4}{e})$

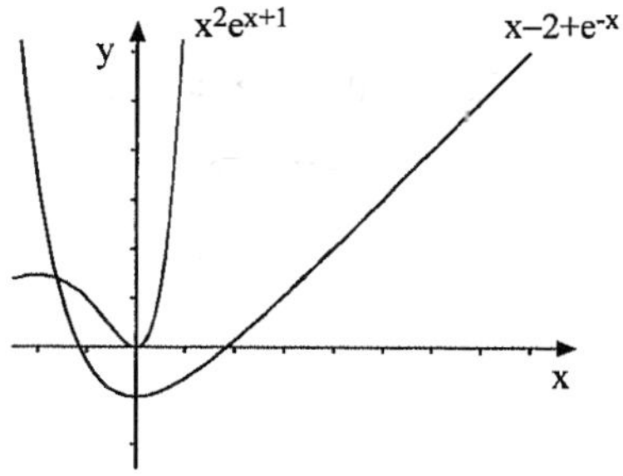

11. a) $f(x) = 2e^x - e^{-x}$

$f'(x) = 2e^x + e^{-x}$

$f''(x) = 2e^x - e^{-x}$

$f''(x) = 0 \Rightarrow x = -\frac{\ln 2}{2} \approx -0{,}35$

$f'''(x) = 2e^x + e^{-x}$

$f'''(-\frac{\ln 2}{2}) \approx 2{,}83 \Rightarrow$ RL – WP , $W(-\frac{\ln 2}{2}|0)$

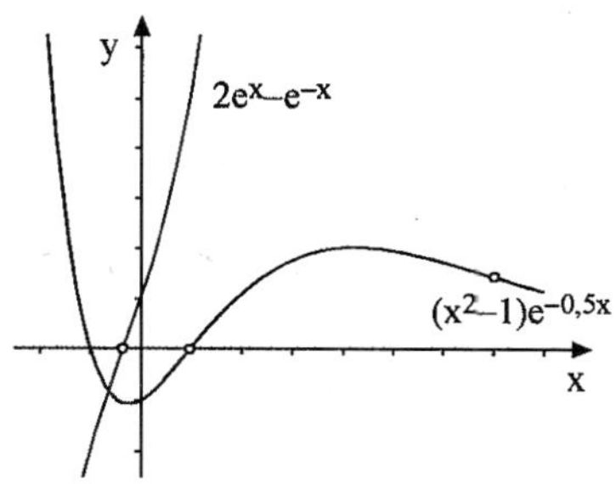

b) $f(x) = (x^2 - 1)e^{-0{,}5x}$

$f'(x) = (2x - 0{,}5x^2 + 0{,}5)e^{-0{,}5x}$

$f''(x) = (0{,}25x^2 - 2x + 1{,}75)e^{-0{,}5x}$, $f''(x) = 0, x = 4 \pm \sqrt{9}, x = 7$, $x = 1$

$f'''(x) = (-\frac{1}{8}x^2 + \frac{3}{2}x - \frac{23}{8})e^{-0{,}5x}$

$f'''(1) = -1{,}5e^{-0{,}5} < 0 \Rightarrow$ LR – WP(1|0) , $f'''(7) = 1{,}5e^{-0{,}5} > 0 \Rightarrow$ RL – WP(7|1,45)

12. $d(x) = e^{-x} + e^{x-1}$

$d'(x) = -e^{-x} + e^{x-1}$

$d'(x) = 0$, $e^{2x-1} = 1$, $x = \frac{1}{2}$

$d''(x) = e^{-x} + e^{x-1}$

$d''(\frac{1}{2}) = 2e^{-0{,}5} \approx 1{,}21 > 0 \Rightarrow$ Min

$d_{min} = 2e^{-0{,}5} \approx 1{,}21$

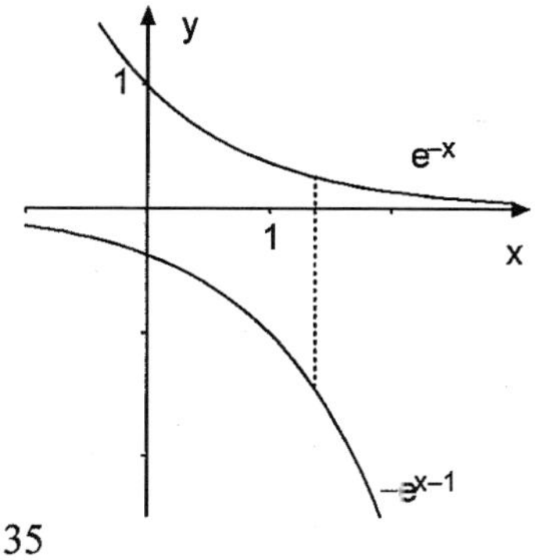

13. $U = 2(x+y) = 2(x + e^{-2x})$ 113

$U'(x) = 2(1 - 2e^{-2x}) = 0 \Rightarrow x = \frac{\ln 0{,}5}{-2} = \ln\sqrt{2} \approx 0{,}35$

$U''(x) = 8e^{-2x}$, $U''(\frac{\ln 0{,}5}{-2}) > 0 \Rightarrow$ Min , $U_{min} \approx 1{,}69$, $P(\ln\sqrt{2}|0{,}5)$

113 14. $A = \frac{1}{2} g \cdot h$

$A(x) = \frac{1}{2}(x-1) \cdot 2e^{-0,5x} = (x-1) \cdot e^{-0,5x}$

$A'(x) = (-0,5x + 1,5) \cdot e^{-0,5x}$, $A'(x) = 0$, $x = 3$

$A''(x) = (0,25x - 1,25) \cdot e^{-0,5x}$, $A''(3) = -0,5 \cdot e^{-1,5} < 0 \Rightarrow$ Max

$A_{max} = (3-1) \cdot e^{-1,5} \approx 0,45$ FE

115 15. b) S(1|2,7)

c) Ansatz: $t(x) = mx + n$

mit $m = f'(1) = -e = -2,72$

$t(x) = -2,72x + n$

Punktprobe mit P: $e = -e + n$, $n = 2e$

$t(x) = -ex + 2e$ bzw. $t(x) = -2,72x + 5,44$

d) $t: \tan\alpha = -e, \quad \alpha \approx 110,2°$

$g: \tan\beta = \frac{e}{4}, \quad \beta \approx 34,2°$

$\gamma \approx 76°$

a)

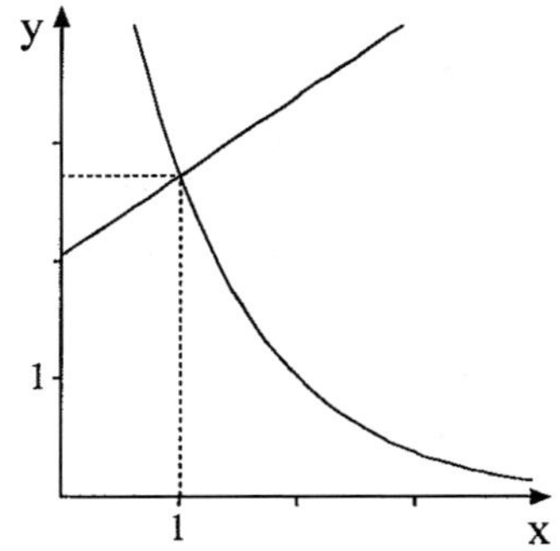

16. b) $3 = e^{0,5x} - 2, \quad x = 2\ln 5 \approx 3,22$

c) $0 = e^{0,5x} - 2, \quad x = 2\ln 2 \approx 1,39$

d) $\tan\alpha = f'(2\ln 2) = 0,5 \cdot e^{0,5 \cdot 2\ln 2}$

$= 1, \ (\alpha = 45°)$ 54°

e) $f(x) \to \infty$ für $x \to \infty$

$f(x) \to -2$ für $x \to -\infty$

b)

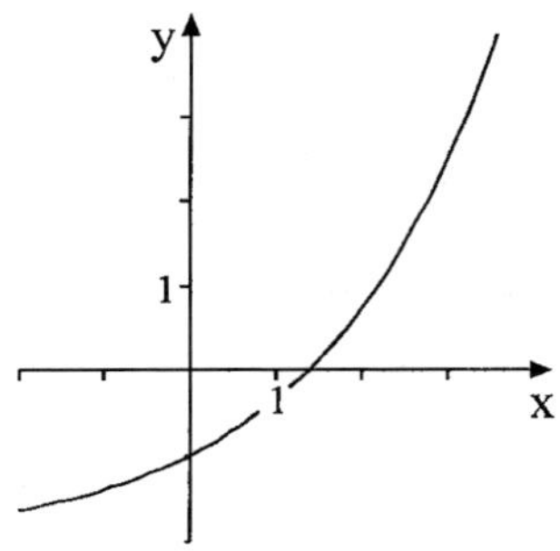

17. a) Schnittpunkt mit der y–Achse: Y(0|1)

kein Schnittpunkt mit der x–Achse

Extrema:

$f'(x) = -x \cdot e^{-0,5x^2} = 0$ für $x = 0$

$f''(x) = (x^2 - 1) \cdot e^{-0,5x^2}$, $f''(0) = -1 < 0$, H(0 | 1)

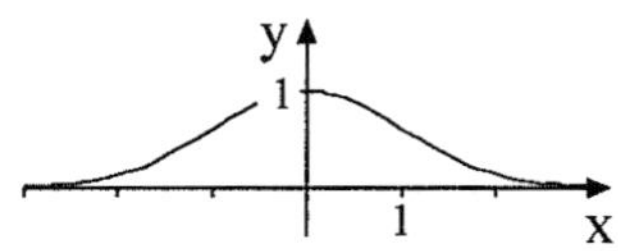

Wendepunkte:

$f''(x) = 0: \quad x_{1/2} = \pm 1$, $f'''(x) = (-x^3 + 3x) \cdot e^{-0,5x^2}$, $f'''(\pm 1) = \pm e^{-0,5} \neq 0$

$W_1(-1 \mid e^{-0,5})$, $W_2(1 \mid e^{-0,5})$

$f(-x) = f(x)$, Symmetrie zur y–Achse

c) **Tangente**, Ansatz: $t(x) = mx + n$

mit $m = f'(1) = -e^{-0,5} = -\frac{1}{\sqrt{e}}$, Punktprobe mit P: $\frac{1}{\sqrt{e}} = -\frac{1}{\sqrt{e}} \cdot 1 + n$, $n = \frac{2}{\sqrt{e}}$

Resultat: $t(x) = -\frac{1}{\sqrt{e}} \cdot x + \frac{2}{\sqrt{e}}$ bzw. $t(x) = -0,61x + 1,22$

Normale, Ansatz: $n(x) = mx + n$

mit $m = -\frac{1}{f'(1)} = \sqrt{e}$, Punktprobe mit P: $\frac{1}{\sqrt{e}} = \sqrt{e} \cdot 1 + n$, $n = \frac{1}{\sqrt{e}} - \sqrt{e}$

Resultat: $n(x) = \sqrt{e} \cdot x + \frac{1}{\sqrt{e}} - \sqrt{e}$ bzw. $n(x) = 1,65x - 1,04$

$A = \frac{1}{2} g \cdot h = \frac{\frac{1}{\sqrt{e}} + \sqrt{e}}{2} \approx 1{,}13$ mit $g = \frac{2}{\sqrt{e}} - (\frac{1}{\sqrt{e}} - \sqrt{e}) = \frac{1}{\sqrt{e}} + \sqrt{e}$, $h = 1$ 115

$U = \frac{1}{\sqrt{e}} + \sqrt{e} + \sqrt{1+e} + \sqrt{1+\frac{1}{e}} \approx 4{,}75$

18. a) $f(1{,}75) \approx 0{,}0046$, $f(-3{,}98) \approx -0{,}0013$

b) $f(0) = -3$, $Y(0|-3)$

c) $f'(x) = e^x - 1$, $f'(x) = 0$: $e^x = 1$, $x = 0$

$f''(x) = e^x$, $f''(0) = 1 > 0$, $T(0|-3)$

d) $f''(x) \neq 0$ für alle $x \in \mathbb{R}$

e)

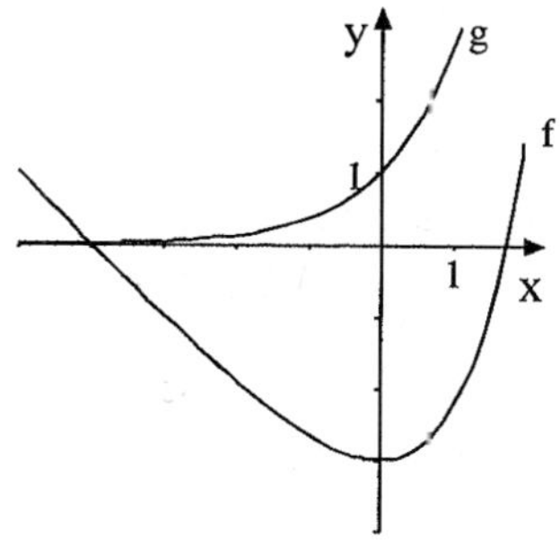

19. a) $h(x) = ae^{bx}$, mit $a = 200$, mit $P(1|180)$ folgt

$180 = 200 \cdot e^b$, $b = \ln\frac{180}{200} \approx -0{,}105$, Resultat: $h(x) = 200e^{-0{,}105x}$

b) $h(15) = 41{,}4$ cm

$100 = 200 \cdot e^{-0{,}105x}$, $x = \frac{\ln 0{,}5}{-0{,}105} \approx 6{,}6$

Beim 7. Sprung wird erstmals die 1–Metermarke unterschritten.

c) $d(x) = h_1(x) - h(x) = -200 \cdot e^{-0{,}105x} + 200 - 10x$

$d'(x) = 21 \cdot e^{-0{,}105x} - 10$

$d'(x) = 0$: $e^{-0{,}105x} = \frac{10}{21}$, $x = \frac{\ln\frac{10}{21}}{-0{,}105} \approx 7{,}07$

$d''(x) = -2{,}205 \cdot e^{-0{,}105x}$, $d''(7{,}07) < 0$

Bei $x = 7{,}07$ ist die Abweichung am stärksten.

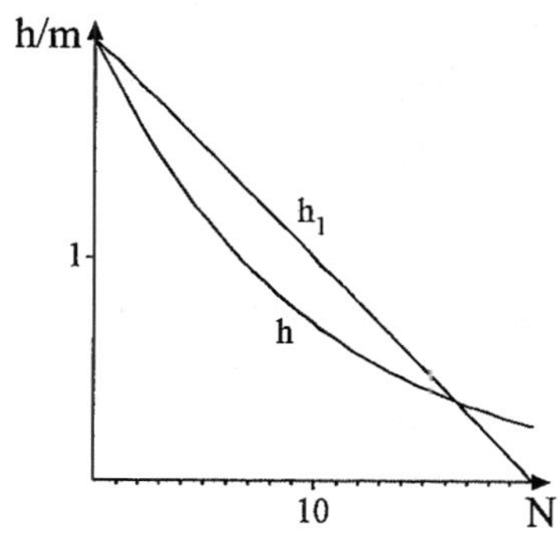

4. Differentiation und Integration von Exponentialfunktionen

116 1. a) $f'(x) = 2e^{2x}$ b) $f'(x) = -6e^{4-3x}$ c) $f'(x) = (1-x)e^{-x}$ d) $f'(x) = 2xe^{x^2}$

2. a) $\int e^{2x}dx = \frac{1}{2}e^{2x}$ b) $\int e^{4-2x}dx = -\frac{1}{2}e^{4-2x}$

c) $\int (e^{-x} + 2e^{x})dx = -e^{-x} + 2e^{x}$ d) $\int e^{-x-2}dx = -e^{-x-2} = \frac{-1}{e^{x+2}}$

117 3. a) $F'(x) = (2+2x+1)e^{x} = f(x)$ b) $f'(x) = (2-4x)e^{-2x} = f(x)$

c) $F'(x) = (2x-1+2x^2-2x)e^{2x} = f(x)$

4. a) $F'(x) = (ax+a+b)e^{x}$, $a = 1$, $b = 0$, $F(x) = xe^{x}$

b) $F'(x) = (-ax+a-b)e^{-x}$, $a = -2$, $b = -2$, $F(x) = (-2x-2)e^{-x}$

c) $F'(x) = (ax^2+(2a+b)x+b+c)e^{x}$, $a = 1$, $b = -2$, $c = 2$, $F(x) = (x^2-2x+2)e^{x}$

d) $F'(x) = 2ae^{2x} - be^{-x}$, $a = 0{,}5$, $b = -1$, $F(x) = 0{,}5e^{2x} - e^{-x}$

e) $F'(x) = (-2ax+a-2b)e^{-2x}$, $a = 2$, $b = 1$, $F(x) = (2x+1)e^{-2x}$

f) $F'(x) = (-2ax+a-2b)e_{1-2x}$, $a = -0{,}5$, $b = -0{,}25$, $F(x) = (-0{,}5x-0{,}25)e^{1-2x}$

5. Flächeninhaltsberechnungen

1. $A = \int_{0,5}^{2} e^{0,5-x}\,dx = -e^{0,5-x}\Big|_{0,5}^{2} \approx 0,777$ 118

2. $f = g:\quad e^{x} = e^{1-x}\,,\quad x = \frac{1}{2}$

$$A = \int_{-1}^{0,5} e^{x}\,dx + \int_{0,5}^{1} e^{1-x}\,dx = e^{x}\Big|_{-1}^{0,5} - e^{1-x}\Big|_{0,5}^{1} \approx 1,93$$

3. a) $\frac{1}{4}(e^{x}-1) = 2 - e^{x}\,,\quad e^{x} = \frac{9}{5}\,,\quad x = \ln\frac{9}{5}$ 119

$$A = \int_{0}^{\ln 9/5} \left(2 - e^{x} - \tfrac{1}{4}(e^{x}-1)\right)dx = 2x - e^{x} - \tfrac{1}{4}(e^{x} - x)\Big|_{0}^{\ln(9/5)} \approx 0,323$$

b) $\frac{1}{2}e^{0,5x} = e^{1-\frac{1}{4}x}\,,\quad \frac{1}{2} = e^{1-\frac{3}{4}x}\,,\quad \frac{3}{4}x = 1 - \ln 0,5\,,\quad x \approx 2,26$

$$A = \int_{0}^{2,26} \left(e^{1-\frac{1}{4}x} - \tfrac{1}{2}e^{0,5x}\right)dx = -4e^{1-\frac{1}{4}x} - e^{0,5x}\Big|_{0}^{2,26} \approx 2,598$$

4. a) $A = \lim\limits_{k\to\infty} \int_{0}^{k} (e^{-x} - e^{-2x})\,dx = \lim\limits_{k\to\infty} \left(-e^{-x} + \tfrac{1}{2}e^{-2x}\right)\Big|_{0}^{k} = 0,5$

b) $2 = \lim\limits_{k\to\infty} \int_{k}^{0} (a+1)e^{ax}\,dx = \lim\limits_{k\to\infty} \frac{a+1}{a}e^{ax}\Big|_{k}^{0} = \frac{a+1}{a} \quad\Rightarrow\quad a = 1$

118 / 1, 2

119 / 3, 4

127 / 10, 11, 12, 14

6. Kurvendiskussionen

123 1. a) $f'(x) = xe^x$, $f''(x) = (1+x)e^x$, $f'''(x) = (2+x)e^x$

b) Nullstelle ist $x = 1$

c) Extremum: $f'(x) = 0$ für $x = 0$, $f''(0) = 1 > 0$, $T(0|-1)$

Wendepunkt: $f''(x) = 0$ für $x = -1$, $f'''(-1) = e^{-1} \neq 0$, $W(-1|-2e^{-1})$

d) $f(x) \to \infty$ für $x \to \infty$, $f(x) \to 0$ für $x \to -\infty$

e) Graph siehe Aufgabe

2. a) $F'(x) = (x-1)e^x = f(x)$

b) $A = -(F(1)-F(0)) = -(-e+2) \approx 0{,}718282\,\text{km}^2 = 718282\,\text{m}^2$

Verkaufspreis: 574626 Euro

c) $A = -(F(0)-F(-2)) = -(-2+4e^{-2}) \approx 1458659\,\text{m}^2$

3. a) $f'(x) = e^x - 1$, $f''(x) = e^x$

Extrema: $f'(x) = 0$ für $x = 0$, $f''(0) = 1 > 0$, $T(0|1)$

Wendepunkt: $f''(x) \neq 0$, kein Wendepunkt

b) Da der Tiefpunkt bei $y = 1 > 0$ liegt und kein Wendepunkt existiert, kann f keine Nullstellen besitzen.

c) $P(1|e-1)$, $z(x) = (e-1)x$, $f'(1) = e - 1$: z mündet tangential in die Autobahn.

$|BP| = \sqrt{1+(e-1)^2} \approx 2\,\text{km}$

In 60 min werden 30 km zurückgelegt, also braucht man für 2 km 4 Minuten.

d) $A = \int_0^1 (f(x) - z(x))dx = \int_0^1 (e^x - ex)dx = [e^x - \frac{e}{2}x^2]_0^1 = e - \frac{e}{2} - 1 \approx 0{,}359\,\text{km}^2 \approx 36\,\text{ha}$

4. a) Nullstelle: $x = 0$

Extrema: $f'(x) = (1+x)e^{x+1}$, $f''(x) = (2+x)e^{x+1}$

$f'''(x) = (3+x)e^{x+1}$

$f'(x) = 0$ für $x = -1$, $f''(-1) = 1 > 0$, $T(-1|-1)$

Wendepunkt: $f''(x) = 0$ für $x = -2$, $f'''(-2) = e^{-1} \neq 0$

$W(-2|-0{,}74)$

b)

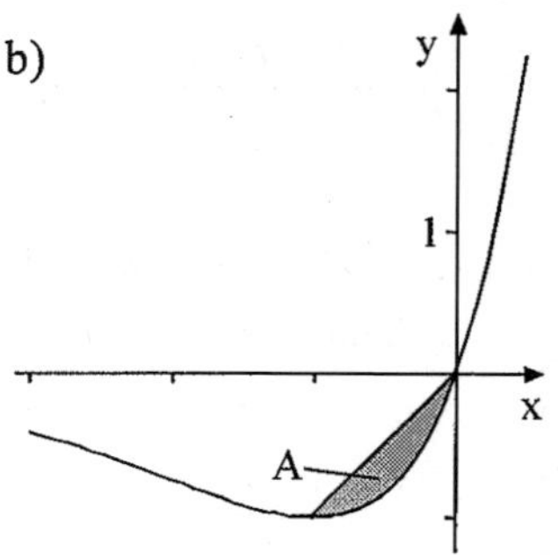

c) $P(-1|-1)$: $s(x) = x$

Größe des Flächenstücks:

$$A = \int_{-1}^{0} (s(x) - f(x))dx = \int_{-1}^{0} (x - xe^{x+1})dx = [\tfrac{1}{2}x^2 - (x-1)e^{x+1}]_{-1}^{0} = e - \tfrac{1}{2} - 2 \approx 0{,}22$$

Sekantenlänge: $l = \sqrt{(-1)^2 + (-1)^2} = \sqrt{2} \approx 1{,}41$

125

5. a) Nullstelle: $x = -1$
$f'(x) = (1-x)e^{-0,5x}$, $f''(x) = (-1,5+0,5x)e^{-0,5x}$
$f'''(x) = (1,25-0,25x)e^{-0,5x}$
Extremum: $f'(x) = 0$ für $x = 1$, $f''(1) = -e^{-0,5} < 0$
$H(1|4e^{-0,5}) = H(1|2,43)$
Wendepunkt: $f''(x) = 0$ für $x = 3$, $f'''(3) \neq 0$
$W(3|8e^{-1,5}) = W(3|1,79)$
Verhalten für $|x| \to \infty$:
$x \to -\infty$: $f(x) \to -\infty$, $x \to \infty$: $f(x) \to 0$

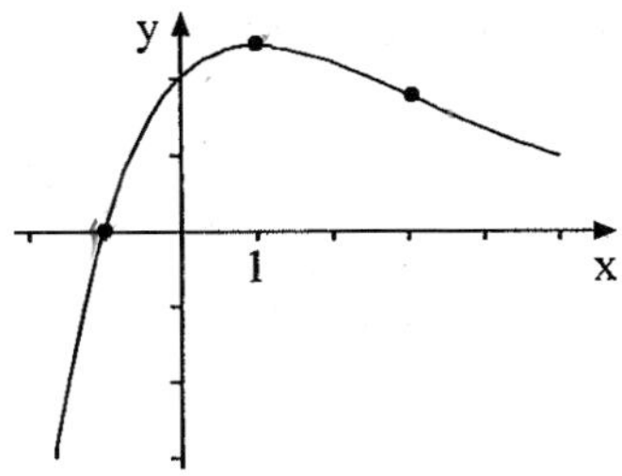

b) Nullstelle: $x = 1$
$f'(x) = (x-2)e^{2-x}$, $f''(x) = (3-x)e^{2-x}$
$f'''(x) = (x-4)e^{2-x}$
Extremum: $f'(x) = 0$ für $x = 2$, $f''(2) = 1 > 0$
$T(2|-1)$
Wendepunkt: $f''(x) = 0$ für $x = 3$, $f'''(3) = e^{-3} \neq 0$
$W(3|-2e^{-1}) = W(3|0,74)$
Verhalten für $|x| \to \infty$:
$x \to -\infty$: $f(x) \to \infty$, $x \to \infty$: $f(x) \to 0$

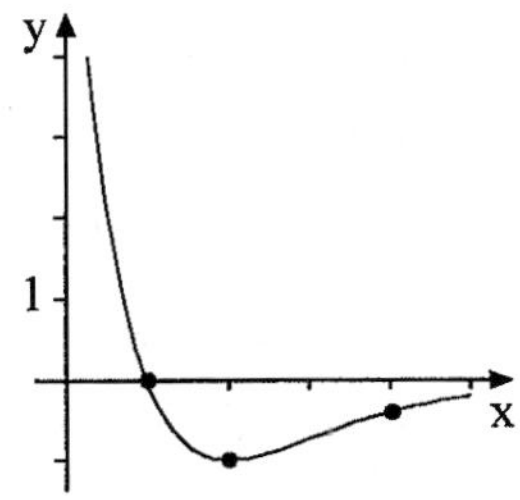

c) Nullstelle: $e^{2x} = 2$, $x = \frac{\ln 2}{2} \approx 0,35$
$f'(x) = e^x + 2e^{-x}$, $f''(x) = e^x - 2e^{-x}$
$f'''(x) = e^x + 2e^{-x}$
Extrema: keine
Wendepunkt: $f''(x) = 0$ für $x = \frac{\ln 2}{2} \approx 0,35$, $f'''(0,35) \neq 0$
$W(0,35|0)$
Verhalten für $|x| \to \infty$:
$x \to -\infty$: $f(x) \to -\infty$, $x \to \infty$: $f(x) \to \infty$

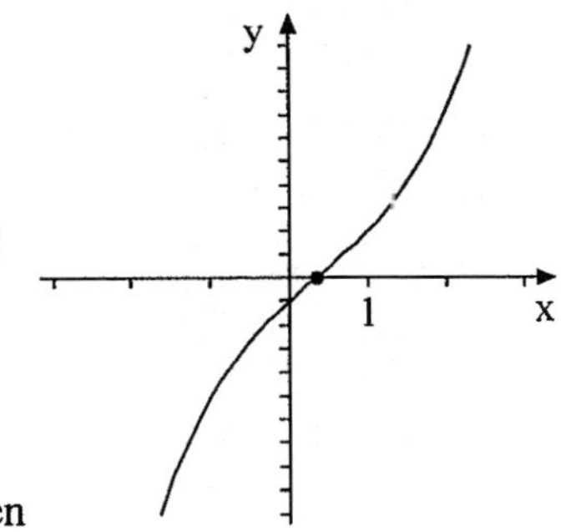

6.

I	II	III	IV
f	h	g	k

Untersuchung der Nullstellen

7.

I	II	III	IV
C	A	B	D

8. a) $f'(x) = (2-x^2)\,e^{-0,25x^2}$, $f'(x) = 0$ für $x = \pm\sqrt{2}$
Höhe der Dammkrone: $h = f(\sqrt{2}) = 2\sqrt{2}$ e–0,5 $\approx 1,72$ m
Breite der Rinne: $2\sqrt{2} \approx 2,83$ m

b) $F'(x) = 2x\,e^{-0,25x^2} = f(x)$

c) $A = 2\int_0^{\sqrt{2}} (1,72 - f(x))dx = 2[1,72x + 4e^{-0,25x^2}]_0^{\sqrt{2}} \approx 1,72\ m^2$
$V = 400 \cdot A \approx 688\ m^3$

d) $\tan 40° \approx 0,84$

Im Wendepunkt ist der Damm am steilsten. $f''(x) = (0,5x^3-3x)\,e^{-0,25x^2}$
$f''(x) = 0$ für $x = 0$ und $x = \sqrt{6}$, $f'(\sqrt{6}) = -4e^{-1,5} \approx -0,89$
Der Rasenmäher kommt nicht über die Wendepunktlinie hinauf.

126 9. a) $f_a'(2) = e^2(2e^2 - a) = 0$ für $a = 2e^2$ b) $\ln\frac{a}{4} = 0 \Rightarrow \frac{a}{4} = 1 \Rightarrow a = 4$

c) $F_a(x) = \int (e^{2x} - ae^x)dx = \frac{1}{2}e^{2x} - ae^x + C$

d) $A_a = \left| \lim\limits_{k \to -\infty} [\frac{1}{2}e^{2x} - ae^x + C]_k^0 \right| = \left| \frac{1}{2} - a \right| = a - \frac{1}{2}$, $A_a = 2 \Rightarrow a = 2,5$

127 10. a) Nullstelle: $x = 0$

Verhalten für $x \to \pm\infty$:

$\lim\limits_{x\to\infty} f(x) = 0$, $\lim\limits_{x\to-\infty} f(x) = -\infty$

b) $f'(x) = (4-2x)e^{-0,5x}$ Extrema: H(2|2,94)

$f''(x) = (x-4)e^{-0,5x}$ Wendepunkte: (4|2,17)

$f'''(x) = (3-0,5x)e^{-0,5x}$

f ist streng monoton steigend für $x < 2$

und streng monoton fallend für $x > 2$.

f ist für $x < 4$ rechts- und für $x > 4$ linksgekrümmt.

c) $n(x) = mx + n$, $m = -\frac{1}{f'(4)} = \frac{e^2}{4}$

W: $\frac{16}{e^2} = \frac{e^2}{4} \cdot 4 + n \Rightarrow n = \frac{16}{e^2} - e^2$, $n(x) = \frac{e^2}{4} \cdot x + \frac{16}{e^2} - e^2$

d)

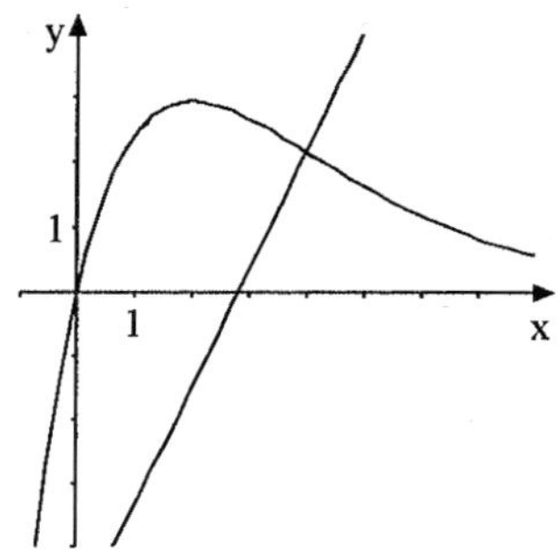

11. b) $f'(x) = \frac{1}{2}e^{\frac{x}{2}}$, $g'(x) = -\frac{1}{4}e^{1,5-\frac{x}{4}}$

c) Schnittpunkt: f = g: $e^{\frac{x}{2}} = e^{\frac{3}{2}-\frac{x}{4}}$ | ln

$\frac{x}{2} = \frac{3}{2} - \frac{x}{4}$, $x = 2$, S(2|e)

$\tan\alpha = f'(2) = \frac{1}{2}e \Rightarrow \alpha \approx 53,66°$

$\tan\beta = g'(2) = -\frac{1}{4}e \Rightarrow \beta \approx -34,20°$

Schnittwinkel: $\gamma = \alpha + |\beta| \approx 87,86°$

d) $h(x) = mx$, I. $mx = e^{\frac{x}{2}}$

II. $m = \frac{1}{2}e^{\frac{x}{2}}$, B(2|e), $h(x) = \frac{e}{2} \cdot x$

a)

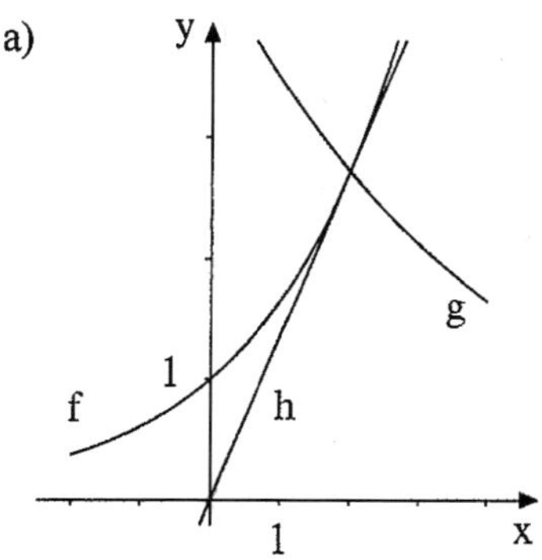

e) $A = \int_0^2 (g(x) - f(x))dx = [-4e^{\frac{3}{2}-\frac{x}{4}} - 2e^{\frac{x}{2}}]_0^2 = -4e - 2e + 4e^{\frac{3}{2}} + 2 \approx 3,62$

12. a) $F'(x) = (4x + 8 - 8)e^{-0,5x} = f(x)$

b) Nullstelle von n: $x = (e^2 - \frac{16}{e^2}) \cdot \frac{4}{e^2} = \frac{e^4 - 16}{e^4} \cdot 4 = 4 - \frac{64}{e^4} \approx 2,83$

$$A = \int_0^4 f(x)dx - \int_{4-\frac{64}{e^4}}^4 g(x)dx = [(-8x - 16)e^{-0,5x}]_0^4 - \frac{1}{2} \cdot \frac{64}{e^4} \cdot \frac{16}{e^2} = -\frac{48}{e^2} + 16 - \frac{512}{e^6} \approx 8,23$$

13. $A(u) = u \cdot f(u) = 4u^2 \cdot e^{-0,5u}$, $A'(u) = (8u - 2u^2) \cdot e^{-0,5u}$, $A'(u) = 0$ für $u = 4$

14. a) $h = f(0) = 2$

b) In den Wendepunkten ist das Profil am steilsten.

$f'(x) = -\frac{1}{2}x \cdot e^{-\frac{1}{8}x^2}$, $f''(x) = (\frac{1}{8}x^2 - \frac{1}{2}) \cdot e^{-\frac{1}{8}x^2}$, $f''(x) = 0$: $x = \pm 2$

$f'(2) = -e^{-0,5} = \tan\alpha$, $\alpha \approx 148,76°$, $f'(-2) = e^{-0,5} = \tan\beta$, $\beta \approx 31,23°$

127

c) $g(x) = 1{,}5 - \frac{1}{1{,}5} \cdot x^2 = \frac{3}{2} - \frac{2}{3}x^2$, $A = 2\int_0^{1{,}5} g(x)dx = 2[\frac{3}{2}x - \frac{2}{9}x^3]_0^{1{,}5} = 3$

Die Glasfäche beträgt 3 m^2.

d) $1 = 2 \cdot e^{-\frac{1}{8}x^2}$, $\ln 0{,}5 = -\frac{1}{8}x^2$, $x_{1/2} = \pm\sqrt{-8 \ln 0{,}5} \approx \pm 2{,}35$

Die Antenne muss rechts oder links von der Gaubenmitte mindestens den Abstand 2,35m haben.

7. Exkurs: Anwendungen

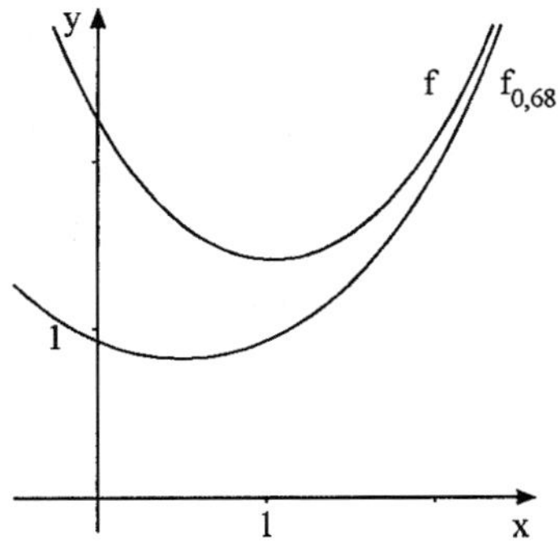

128 1. a) Nullstellen: keine

Ableitungen: $f'(x)=\frac{1}{4}e^x-2e^{-x}$

$f''(x)=\frac{1}{4}e^x+2e^{-x}$

$f'''(x)=\frac{1}{4}e^x-2e^{-x}$

Extrema: T(1,04|1,41)

Wendepunkte: keine

b) $F(x)=\int f(x)dx=\frac{1}{4}e^x-2e^{-x}+C$

c) $A=\int_0^1 f(x)dx=[\frac{1}{4}e^x-2e^{-x}]_0^1\approx 1{,}69$

d) $f_a'(x)=\frac{1}{4}e^x-ae^{-x}=0,\quad x=\frac{\ln 4a}{2}=0{,}5,\quad a=\frac{e}{4}\approx 0{,}68$

129 2. a) $f(2)=e+e^{-1}\approx 3{,}09$ m

b) $f(0)=2 \Rightarrow$ Durchhang: $3{,}09-2\approx 1{,}09$ m

c) $f'(x)=\frac{1}{2}e^{\frac{x}{2}}-\frac{1}{2}e^{-\frac{x}{2}},\quad f'(2)=\frac{1}{2}e-\frac{1}{2}e^{-1}\approx 1{,}18=\tan\beta\Rightarrow\beta\approx 49{,}6°=\alpha$

d) $A=\int_{-2}^{2} f(x)dx=[2e^{\frac{x}{2}}-2e^{-\frac{x}{2}}]_{-2}^{2}=4(e-e^{-1})\approx 9{,}4\ m^2$

3. a) $f(x)=203{,}14-\frac{28{,}14}{2}(e^{\frac{x}{28{,}14}}-e^{-\frac{x}{28{,}14}}),\quad h=f(50)\approx 122{,}35m$

b) $f(x)=216{,}5-\frac{73}{4}(e^{\frac{x}{36{,}5}}-e^{-\frac{x}{36{,}5}})$

$f'(x)=-\frac{73}{4}(\frac{1}{36{,}5}\cdot e^{\frac{x}{36{,}5}}+\frac{1}{36{,}5}\cdot e^{-\frac{x}{36{,}5}})=-\frac{1}{2}(e^{\frac{x}{36{,}5}}+e^{-\frac{x}{36{,}5}})$

$f'(90)\approx -5{,}93,\quad \alpha\approx 99{,}6°$

c) $A=2\int_0^{90}(216{,}5-\frac{73}{4}(e^{\frac{x}{36{,}5}}-e^{-\frac{x}{36{,}5}}))dx-2\int_0^{75}(203{,}14-\frac{28{,}14}{2}(e^{\frac{x}{28{,}14}}-e^{-\frac{x}{28{,}14}}))dx$

$=2([216{,}5x-\frac{73}{4}\cdot 36{,}5(e^{\frac{x}{36{,}5}}+e^{-\frac{x}{36{,}5}})]_0^{90}-[203{,}14x-\frac{28{,}14^2}{2}(e^{\frac{x}{28{,}14}}+e^{-\frac{x}{28{,}14}})])$

$=2(11699{,}73-9572{,}96)=4253{,}5m^2$

93 4. a) $f(x)=a+b\cdot e^{-x^2}$

$\left.\begin{array}{l} f(0)=1{,}2 \Rightarrow a+b=1{,}2 \\ f(1{,}5)=0{,}7 \Rightarrow a+b\cdot e^{-1{,}5^2}=0{,}7 \end{array}\right\} \Rightarrow b(1-e^{-1{,}5^2})=0{,}5,\quad b\approx 0{,}56,\quad a\approx 0{,}64$

Resultat: $f(x)=0{,}64+0{,}56\cdot e^{-x^2}$

b) In den Wendepunkten: $f'(x)=-1{,}12x\cdot e^{-x^2},\quad f''(x)=(2{,}24x^2-1{,}12)\cdot e^{-x^2}$

$f''(x)=0:\quad x=\pm\sqrt{0{,}5}\approx\pm 0{,}707,\quad f'(\pm 0{,}707)\approx\mp 0{,}48$

In etwa 707m Entfernung von der Bergmitte ist der Anstieg am steilsten.

4. c) $0{,}8 = 0{,}64 + 0{,}56 \cdot e^{-x^2}$, $\ln 0{,}29 \approx -x^2$, $x \approx \pm 1{,}11$, $E(-1{,}11 \mid 0{,}8)$ 131

Länge: $l = \sqrt{1{,}11^2 + 0{,}4^2} \approx 1{,}18$

Der Eingang lisgt bei E(−1,11|0,8); die Länge beträgt 1180m.
Tunnelmitte: M(−0,555|1)
Austrittspunkt des Schachtes: P(−0,555|f(−0,555)) bzw. P(−0,555|1,05)
Schachtlänge: 50m

5. a) $f'(x) = -2x \cdot e^{-x^2}$, $f''(x) = (4x^2 - 2) \cdot e^{-x^2}$, $f'''(x) = (12x - 8x^3) \cdot e^{-x^2}$

$f''(x) = 0$: $x = \pm\sqrt{0{,}5} \approx \pm 0{,}707$, $f'''(0{,}707) \neq 0$, $W_2(\sqrt{\frac{1}{2}} \mid \frac{1}{\sqrt{e}})$

$t(x) = f'(\frac{1}{\sqrt{2}})(x - \frac{1}{\sqrt{2}}) + f(\frac{1}{\sqrt{2}}) = -0{,}86x + 1{,}21$

b) $-0{,}86 = \tan\beta$, $\beta = -40{,}69°$
$\alpha = 90° - 40{,}7° = 49{,}3°$

c) $g(x) = mx$, I. $mx = e^{-x^2}$, II. $m = \frac{1}{2xe^{-x^2}}$

$\Rightarrow \frac{1}{2xe^{-x^2}} \cdot x = e^{-x^2}$, $\frac{1}{2} = e^{-2x^2}$, $x^2 = \frac{\ln 0{,}5}{-2}$, $x \approx \pm 0{,}59$ $(x < 0)$

$\Rightarrow g(x) = mx$, $x = -0{,}59$, $m \approx -1{,}2$, $g(x) = -1{,}2x$

6. $A = x \cdot y = 2z \cdot e^{-z^2}$
$A' = e^{-z^2}(2 - 4z^2) = 0$, $z = \pm\sqrt{\frac{1}{2}}$
$A''(\sqrt{\frac{1}{2}}) = -5{,}7e^{-0{,}5} < 0 \Rightarrow$ Max, $A_{max} \approx 0{,}86$

7. a) $g(x) = ax^2 + c$, $g(0) = 0 + c = 1$, $c = 1$

$g(\frac{1}{\sqrt{2}}) = \frac{a}{2} + 1 = 0{,}61 \Rightarrow a = -0{,}79$, $g(x) = -0{,}79x^2 + 1$

b) $d(x) = -0{,}79x^2 + 1 - e^{-x^2}$
$d'(x) = -1{,}57x + 2xe^{-x^2} = 0$, $2e^{-x^2} = 1{,}57$, $x = \pm\sqrt{-\ln 0{,}79} \approx \pm 0{,}49$
$d''(x) = -1{,}57 + 2e^{-x^2} - 4x^2 \cdot e^{-x^2}$
$d''(0{,}49) < 0 \Rightarrow H(0{,}49 \mid 0{,}02)$

c) $A = \int_{-\sqrt{0,5}}^{\sqrt{0,5}} (-0{,}79x^2 + 1)\,dx = [-\frac{0{,}79}{3}x^3 + x]_{-\sqrt{0,5}}^{\sqrt{0,5}} = 2 \cdot [-\frac{0{,}79}{3}x^3 + x]_0^{\sqrt{0,5}} \approx 1{,}23$

Die Radiokarbonmethode

$N(600) = 3 \cdot 10^{-11} \cdot e^{-0{,}00012 \cdot 600} \approx 2{,}79 \cdot 10^{-11}\%$

8. Exkurs: Modellierung mit Exponentialfunktionen

135 1. a) $f'(x) = (1-0{,}5x)e^{0{,}5x}$, $f'(x) = 0$ für $x = 2$, $f(2) = 2e \approx 5{,}44$
Die maximale Nord–Süd–Ausdehnung beträgt ca. 544 m.
$f(-4) = 8e^{-2} \approx 1{,}08$: Die Begrenzungsmauer ist ca. 108 m lang.

b) $F'(x) = (0{,}5a-2-x)e^{0{,}5x}$, $4 = 0{,}5a - 2$, $a = 12$

$$A = \int_{-4}^{4} f(x)dx = F(4) - F(-4) \approx 26{,}8495$$

Das Gehege ist ca. 268495 m² groß.

136 2. $g(20) = 10$: $10 = ae^{-20b}$

$g(40) = 2$: $2 = ae^{-40b}$, $a = 2e^{40b}$, $10 = 2e^{20b}$, $b = \frac{\ln 5}{20} \approx 0{,}08$, $a \approx 50$

$g(x) = 50e^{-0{,}08x}$

$$A = 2\int_{0}^{20} f(x)dx + 2\int_{20}^{40} g(x)dx = 2[-\tfrac{1}{60}x^3 + \tfrac{1}{2}x^2 + 5x]_0^{20} + 2[-625e^{-0{,}08x}]_{20}^{40}$$

$$\approx 333{,}33 + 201{,}42 = 534{,}75$$

Der Flächeninhalt des Querschnittes beträgt ca. 534,75 cm².

137 3. a) $f(0) = 2{,}4 - 0{,}2 \cdot 2 = 2$, Höhe stimmt
$f(-1) = -0{,}05 \approx 0$, $f(1) \approx 0$, Breite stimmt

b) $f'(x) = -0{,}2(2{,}5e^{2{,}5x} - 2{,}5e^{-2{,}5x}) = -0{,}5(e^{2{,}5x} - e^{-2{,}5x})$
$f'(-1) \approx 6{,}05$, $\alpha \approx 80{,}6°$
Am linken unteren Torbogen muss die Säge unter ca. 81° angesetzt werden.

c) Zu streichende Fläche: $A = 4 \cdot 8 - A_{Torbogen}$

$$A_{Torbogen} = 2\int_{0}^{1} f(x)dx = 2[2{,}4x - 0{,}2(\tfrac{2}{5}e^{2{,}5x} - \tfrac{2}{5}e^{-2{,}5x})]_0^1 \approx 2{,}68$$

$A \approx 32 - 2{,}86 = 29{,}14$
Die zu streichende Fläche beträgt ca. 29 m².

4. a) $G'(x) = (2x-20)\,e^{\frac{x-10}{5}} = g(x)$

$$A = A_{gelb} + A_{rot} = \int_{0}^{8} f(x)dx + \int_{0}^{10} g(x)dx$$

$$= [-\tfrac{1}{24}x^3 + \tfrac{1}{2}x^2]_0^8 + |[(10x-150)e^{\frac{x-10}{5}}]_0^{10}| \approx 40{,}37$$

Der Flächeninhalt beträgt ca. 40,37 FE = 403700 m² = 40,37 ha.

b) $g'(x) = (\tfrac{2}{5}x - 2)e^{\frac{x-10}{5}}$, $g'(x) = 0$ für $x = 5$, $g(5) \approx -3{,}68$

Die Nord–Süd–Ausdehnung beträgt ca. 368 m.

5. a) $f'(x) = (1-2x^2)e^{-x^2}$, $f''(x) = (4x^3-6x)e^{-x^2}$, $f'''(x) = (-8x^4+24x^2-6)e^{-x^2}$ 137
$F'(x) = -\frac{1}{2}(-2x)e^{-x^2} = xe^{-x^2} = f(x)$

b) $f'(x) = 0$ für $x = \pm\sqrt{\frac{1}{2}}$

$f''(-\sqrt{\frac{1}{2}}) = (-2\sqrt{\frac{1}{2}}+6\sqrt{\frac{1}{2}})e^{-0,5} = 4\sqrt{\frac{1}{2}}e^{-0,5} > 0 \Rightarrow T(-\sqrt{\frac{1}{2}} \mid -\sqrt{\frac{1}{2}}e^{-0,5}) \approx T(-0,71 \mid -0,43)$

$f''(\sqrt{\frac{1}{2}}) = -4\sqrt{\frac{1}{2}}e^{-0,5} < 0 \Rightarrow H(\sqrt{\frac{1}{2}} \mid \sqrt{\frac{1}{2}}e^{-0,5}) \approx H(0,71 \mid 0,43)$

c) $w(x) = mx$ mit $m = f'(0) = 1$, $w(x) = x$

$|w| = \sqrt{1^2+1^2} = \sqrt{2} \approx 1,414$: Der Weg ist ca. 1414 m lang.

d) $f''(x) = 0$ für $x = \pm\sqrt{\frac{3}{2}}$ bzw. $x = 0$, $W_1(\sqrt{\frac{3}{2}} \mid \sqrt{\frac{3}{2}}e^{-\frac{3}{2}})$, $W_2(-\sqrt{\frac{3}{2}} \mid -\sqrt{\frac{3}{2}}e^{-\frac{3}{2}})$, $W_3(0 \mid 0)$

$|W_1W_2| = 2|W_1W_3| = 2\sqrt{\frac{3}{2}+\frac{3}{2}e^{-3}} \approx 2,5$, $t = \frac{s}{v} = \frac{2,5\text{km}}{20\frac{\text{km}}{\text{h}}} = 0,125\text{h} = 7,5\,\text{min}$

Er braucht 7,5 Minuten.

6. a) $4 - f(4) = 4 + 40e^{-6} \approx 4,27$: Der rechte Beckenrand ist ca. 42,7 m lang. 138
Oberer Rand: $f(x) = 4$, $4 = -10xe^{-x-1}$:
schrittweises Probieren, beginnend mit $x = -0,5$ führt auf $x \approx -0,6$
Der obere Rand ist ca. 46 m lang.

b) $f'(x) = (10x-10)e^{-x-1}$, $f'(x) = 0$ für $x = 1$, $f(1) = -10e^{-2} \approx -1,35$
Die maximale vertikale Ausdehnung beträgt ca. 53,5 m.

c) $F'(x) = 10(1-x-1)e^{-x-1} = -10xe^{-x-1} = f(x)$

$$A = \int_{-0,6}^{4} (4+10e^{-x-1})dx = [4x-10(x+1)e^{-x-1}]_{-0,6}^{4} \approx 25,04$$

Es werden ca. 2504 m^2 Fliesen benötigt.

7. a) In der Mitte ist das Seil $f(0) = 10$ m hoch.
An den Randpunkten sind es $f(200) = 5(e^2+e^{-2}) \approx 37,62$ m.

b) mittlere Steigung: $m = \frac{37,62-10}{200} \approx 0,14$

c) Die mittlere Hälfte geht von $x = -100$ bis $x = 100$.
$f'(x) = 0,05(e^{0,01x}-e^{-0,01x})$, $f'(100) \approx 0,12 = 12\,\%$: Er kann.

d) $f'(-200) \approx -0,36$

Es gilt: $\frac{1}{0,36} = \frac{37,62}{x} \Rightarrow x \approx 13,54$

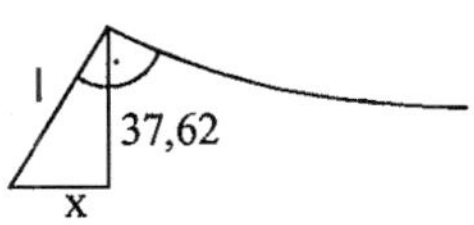

Länge: $l = \sqrt{13,54^2+37,62^2} \approx 40$
Die Seile müssen jeweils ca. 40 m lang sein.

138 8. a) $f(2) \approx 2{,}75$: Die Senke ist ca. 27,5 m tief.

b) $f'(x) = 5{,}6x \cdot e^{-x^2}$, $f''(x) = (5{,}6-11{,}2x^2) \cdot e^{-x^2}$

$f''(x) = 0$ für $x = \pm\sqrt{\frac{1}{2}} \approx 0{,}71$

Der Wendepunkt W(0,71|1,1) ist der steilste Punkt.
Tangentengleichung: $t(x) = f'(0{,}71)(x-0{,}71) + 1{,}1 = 2{,}41x - 0{,}61$

c) Die Lichtstrahlen müssen tangential zum Graphen im Wendepunkt verlaufen.

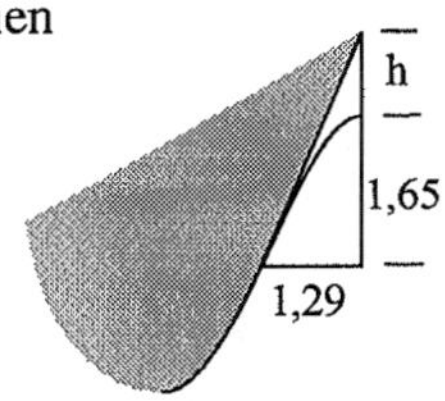

Es muss also $\frac{h+1{,}65}{1{,}29} > 2{,}41$ gelten.

Das gilt für h > 14,6 m.

140 9. a) $h(0) = 2$: $2 = b$
$h(1) = 3$: $3 = (a+2)e^{-0{,}1}$, $a = 1{,}32$
$h(t) = (1{,}32t+2)e^{-0{,}1t}$

b) $h'(t) = (1{,}12-0{,}132t)e^{-0{,}1t}$
$h'(t) = 0$ für $t \approx 8{,}48$, $h(8{,}48) \approx 5{,}63 < 6$
Er kommt nicht in die Gefahrenzone.

c) Im Wendepunkt: $h''(t) = (0{,}0132t-0{,}244)e^{-0{,}1t}$, $h''(t) = 0$ für $t \approx 18{,}48$
Nach ca. 18,5 Stunden fällt sie am stärksten.

d) $h(t) = 2$: $2 = (1{,}32t+2)e^{-0{,}1t}$
Schrittweises Probieren, z.B. t = 30, 31.
Nach ca. 30,5 Stunden ist die Ausgangskonzentration wieder erreicht.

141 10. b) B_1: $20 = 10e^{0{,}1t}$, $t \approx 6{,}93$
B_2: $20 = 50-40e^{-0{,}1t}$, $t \approx 2{,}88$
Blume 1 erreicht 20 cm Höhe nach ca. 7 Tagen, bei Blume 2 sind es ca. 3 Tage.

a)

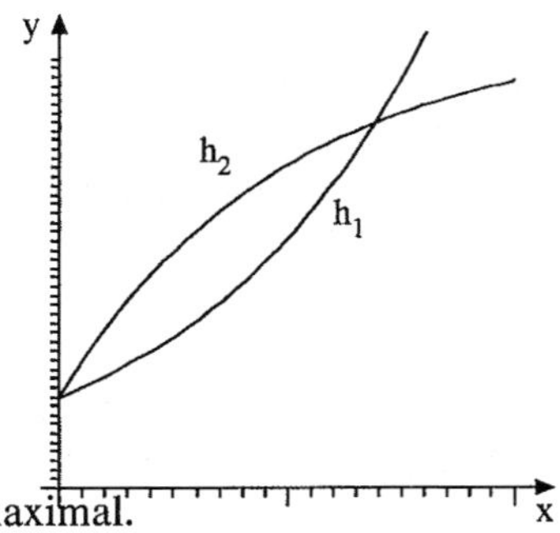

c) $h_2'(t) = 4e^{-0{,}1t}$, $1 = 4e^{-0{,}1t}$ gilt für $t \approx 14$
Am 14. Tag wächst Blume 2 um 1 cm.

d) $d(t) = h_2(t) - h_1(t) = 50 - 40e^{-0{,}1t} - 10e^{0{,}1t}$
$d'(t) = 4e^{-0{,}1t} - e^{0{,}1t}$, $d'(t) = 0$, $4 = e^{0{,}2t}$, $t \approx 6{,}93$
$d(6{,}93) \approx 10$
Nach ca. 7 Tagen ist die Differenz mit ca. 10 cm lokal maximal.

e) $d(t) = 0$: Probieren liefert:
$d(10) \approx 8$, $d(15) \approx -3{,}7$, $d(14) \approx -0{,}4$, $d(13) \approx 2{,}4$
Im Laufe des 14. Tages überholt Blume 1 Blume 2, d.h. sie sind für einen Moment gleich groß.

142 11. a) Zu Beginn sind es 10 Mio Einwohner.

b) $N'(t) = 0{,}24e^{0{,}024t}$, $N'(0) = 240000$
Zu Beginn beträgt die Wachstumsrate 240000 Einwohner/Jahr.

c) $20 = 10e^{0{,}024t}$, $t \approx 29$
Nach ca. 29 Jahren hat sich die Einwohnerzahl verdoppelt.

d) $N'(t) = 1$ gilt für $t \approx 59{,}46$
Nach ca. 59,5 Jahren beträgt die Zuwachsrate 1 Mio/Jahr.

12. b) $a'(t) = 7e^{-0,05t}$, $a'(0) = 7$: 142
Die anfängliche Lernrate von Max beträgt 7 Vokabeln/min.
$b'(t) = 0{,}5e^{0,05t}$, $7 = 0{,}5e^{0,05t}$ gilt für $t \approx 52{,}8$
Nach ca. 53 Minuten hat Moritz die gleiche Lernrate erreicht.
c) $d(t) = a(t) - b(t) = 150 - 140^{e-0,05t} - 10e^{0,05t}$
$d'(t) = 7e^{-0,05t} - 0{,}5e^{0,05t}$, $d'(t) = 0$ gilt für $t \approx 26{,}4$
Nach 26,4 Minuten ist der Unterschied am größten.

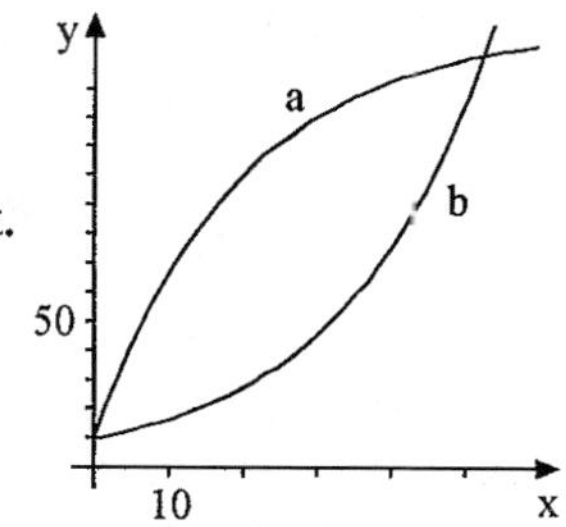

13. a) $h(0) = 240$, $h(12) = 263$
Franz hat 240 Hasen gekauft. Nach einem Jahr sind es 263 Hasen.
b) $h'(t) = (8-t)e^{-0,05t}$, $h'(0) = 8$: Die Anfangspopulation beträgt 8 Hasen/Monat.
c) $h'(t) = 0$ gilt für $t = 8$, $h''(t) = (0{,}05t-1{,}4)e^{-0,05t}$, $h''(8) = -e^{-0,4} < 0$, Max.
Nach 8 Monaten erreicht die Population ihr Maximum.
d) $h''(t) = 0$ gilt für $t = 28$: Nach 28 Monaten verringert sich die Population am stärksten.
e) $h(6) \approx 267$: Franz hat ca. 37 Hasen Gewinn gemacht.

14. b) $T(0) = 400°$ ist die Anfangstemperatur.
c) $T(60) = 761$

Die mittlere Temperaturerhöhung beträgt $\frac{761-400}{60} \approx 6\frac{°C}{s}$.
d) $T(t) = 1000$: $1000 = 1200 - 800e^{-0,01t}$ gilt für $t \approx 139$
Der Schmied muss ca. 139 Sekunden warten.
e) $T_{Grenz.} = 1200\ °C$
f) $T'(t) = 8e^{-0,01t} > 1$ gilt für $t < 208$
Er darf maximal 208 Sekunden dauern.

a)

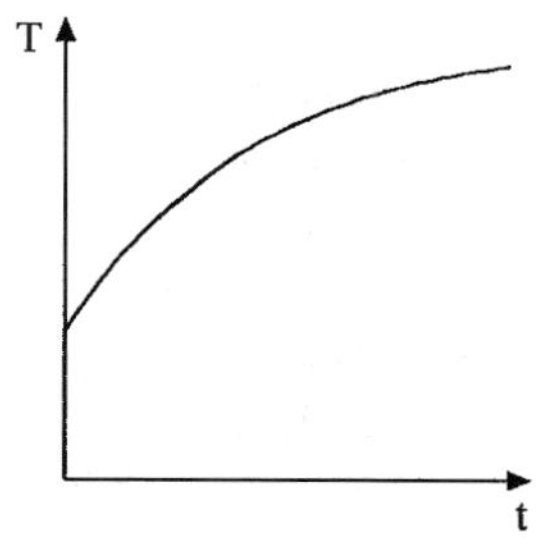

15. a) $v'(t) = (20-2t)e^{-0,1t}$, $v'(t) = 0$ gilt für $t = 10$, $v(10) \approx 73{,}6$ m/s 143
Die Maximalgeschwindigkeit beträgt 73,6 m/s.
b) $s'(t) = (-200+20t+200)e^{-0,1t} = v(t)$ und $s(0) = 0$
c) $l = s(30) \approx 1602$: Die Wegstrecke beträgt ca. 1602 m.

16. a) $m(t) = t - 1000e^{-0,01t} + C$, $m(0) = 0$, $C = 1000$ 144
$m(t) = t - 1000e^{-0,01t} + 1000$
b) $m'(t) = 3$, $3 = 1 + 10e^{-0,01t}$ gilt für $t \approx 161$
Nach 161 Tagen sinkt die Fördergeschwindigkeit unter 3 Tonnen/Tag.

$$\text{Ölmenge} = \int_0^{161} m'(t)dt = [t - 1000e^{-0,01t} + 1000]_0^{161} \approx 961{,}1$$

Es werden 961 Tonnen gefördert.

17. a) $h(t) = \frac{1}{-0{,}05}e^{-0,05t} + C = -20e^{-0,05t} + C$, $h(0) = 20 \Rightarrow C = 40$
$h(t) = 40 - 20e^{-0,05t}$
b) $h(t) = 30$, $30 = 40 - 20e^{-0,05t}$ gilt für $t \approx 13{,}86$
Am 14. Tag läuft der Speicher über.

144 18. a) $L(t) = 20e^{-0,02t} + C$, $L(0) = 30$, $C = 10$

$L(t) = 10 + 20e^{-0,02t}$

b) $L(t) = 15$, $15 = 10 + 20e^{-0,02t}$ gilt für $t \approx 69,31$

Nach ca. 69 Jahren wird der Gletscher nur noch 15 km lang sein.

19. a) $N(t) = 10e^{0,024t} + C$, $N(0) = 20$, $C = 10$

$N(t) = 10 + 10e^{0,024t}$

b) $N(20) \approx 26,16$ Millionen Einwohner sind es nach 20 Jahren.

c) $40 = 10 + 10e^{0,024t}$, $t \approx 45,78$

In ca. 45,78 Jahren hat sich der Bestand verdoppelt.

146 **Test**

1. a) $f'(x) = 2e^{2x}$ b) $f'(x) = -3e^{-x+5}$ c) $f'(x) = (1-2x)e^{-2x}$

2. a) $\int -e^{-x}dx = e^{-x} + C$ b) $\int (x + e^{2+0,5x})dx = \frac{1}{2}x^2 + 2e^{2+0,5x} + C$

c) $\int 6e^{-\frac{1}{3}x}dx = -18e^{-\frac{1}{3}x} + C$

3. a) $F'(x) = (-2x+5)e^{-2x}$ b) $F'(x) = (-2ax-8+a)e^{-2x} = (6x-11)e^{-2x}$, $a = -3$

4. a) $A = \int_1^3 f(x)dx = [-2e^{-x}]_1^3 \approx 0,64$

b) $A = \int_0^2 (f(x) - g(x))dx = [4e^{\frac{1}{4}x+\frac{1}{2}} - 2e^{\frac{1}{2}x}]_0^2 \approx 0,84$

5. a) $f'(x) = (4-x)e^{1-0,5x}$, $f''(x) = (0,5x-3)e^{1-0,5x}$

$f'''(x) = (2-0,25x)e^{1-0,5x}$

Nullstellen: $x = 2$

Extrema: $f'(x) = 0$: $x = 4$, $f''(4) = -e^{-1} < 0$

$H(4|4e^{-1}) = H(4|1,47)$

Wendepunkte: $f''(x) = 0$: $x = 6$, $f'''(6) = 0,5e^{-2} \neq 0$

$W(6|8e^{-2}) = W(6|1,08)$

b) $x \to -\infty$: $f(x) \to -\infty$, $x \to \infty$: $f(x) \to 0$

c)

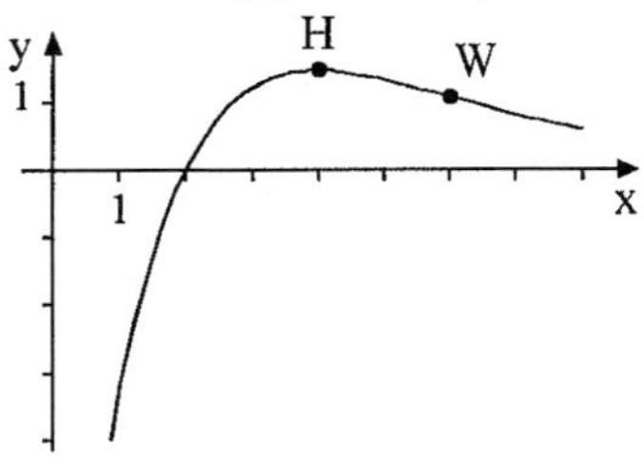

146

6. a) $f'(x) = (4-2x)e^{-0,5x}$, $f'(x) = 0$: $x = 2$, $f(2) = \frac{8}{e} \approx 2,94$

   P(2|2,94) ist der nördlichste Punkt.

   b) $F'(x) = (-8+4x+8)e^{-0,5x} = f(x)$

   c) Fußweg: $g(x) = \frac{1}{3}x - 2$

   $$A = \int_0^6 (f(x) - g(x))dx = [(-8x-16)e^{-0,5x} - \tfrac{1}{6}x^2 + 2x]_0^6 \approx 2,81 - (-16) = 18,81$$

   d) $f'(0) = 4 \;\Rightarrow\; \alpha \approx 76°$

   Der Winkel beträgt ca. 76°.

   e) $f''(x) = (x-4)e^{1-0,5x}$, $f''(x) = 0$: $x = 4$, W(4|2,17)

   $n(x) = -\frac{1}{f'(4)}(x-4) + 2,17 \approx 1,85x - 5,22$

   $n(x) = g(x)$: $x \approx 2,12$, P(2,12|−1,29)

1. Einfache gebrochen–rationale Funktionen

149 1. $f(x) = 1 - \frac{4}{x} + \frac{3}{x^2}$, $f'(x) = \frac{4}{x^2} - \frac{6}{x^3}$, $f''(x) = -\frac{8}{x^3} + \frac{18}{x^4}$
Nullstellen: $x = 1$ und $x = 3$

Extrema: $f'(x) = 0$ für $x = 1{,}5$, $f''(1{,}5) > 0$, $T(1{,}5 \mid -\frac{1}{3})$

Tangente in $x = 1$:
$t_1(x) = f'(1)(x-1) + f(1) = -2x + 2$
Tangente in $x = 3$:
$t_2(x) = \frac{2}{9}x - \frac{2}{3}$

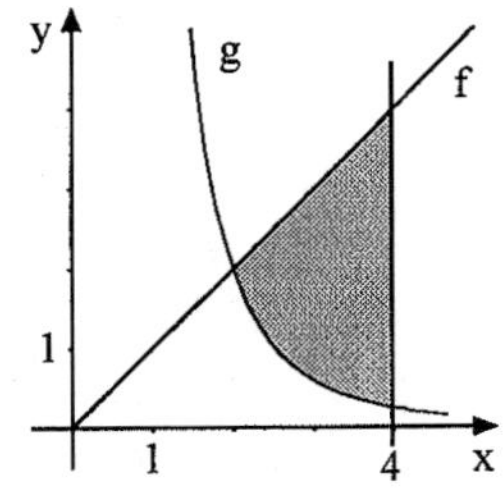

150 2. Schnittstelle von f und g: $x_s = 2$

$$A = \int_2^4 (f(x) - g(x))dx = \int_2^4 (x - \frac{16}{x^3})dx = [\frac{1}{2}x^2 + \frac{8}{x^2}]_2^4 = 4{,}5$$

153 3. a) Nullstellen von f: $x = 1$ und $x = 5$
Nullstellen von g: $x = 1$ und $x = 5$

b) Der nördlichste Punkt ist der Hochpunkt von f:

$f'(x) = 0$ für $x = \frac{5}{3}$: $H(\frac{5}{3} \mid \frac{4}{5})$.

Der südlichste Punkt ist der Tiefpunkt von g:
$g(x) = (x-3)^2 - 4$: $T(3 \mid -4)$

c) $A = \int_1^5 (f(x) - g(x))dx = [-\frac{1}{3}x^3 + 3x^2 - 6x + 6\ln x + \frac{5}{x}]_1^5 \approx 12{,}32$

d) $t(x) = f'(2)(x-2) + 0{,}75 = -0{,}25x + 1{,}25$, $Q(0 \mid 1{,}25)$

Kosten: $d(P;Q) = \sqrt{4 + 0{,}25} \cdot 60000 \approx 123693{,}17$ Euro

e) $t - g$: $d(x) = -x^2 + 5{,}75x - 3{,}75$, $d'(x) = -2x + 5{,}75$
$d'(x) = 0$ für $x = 2{,}875$, $d''(x) = -2 < 0$ (Maximum)
$D(2{,}875 \mid 0{,}53125)$

4. a) $x^2 : (x-1) = x + 1 + \frac{1}{x-1}$

b) D_f: $x \in \mathbb{R}$, $x \neq 1$

$x \to 1+0$: $f \to \infty$, $x \to 1-0$: $f \to -\infty$

c) Nullstellen: $x = 0$

$f'(x) = 1 - \frac{1}{(x-1)^2}$, $f''(x) = \frac{2}{(x-1)^3}$
Extrema: $f'(x) = 0$ für $x = 0$ und $x = 2$
$f''(0) = -2 < 0$, $H(0 \mid 0)$
$f''(2) = 2 > 0$, $T(2 \mid 4)$

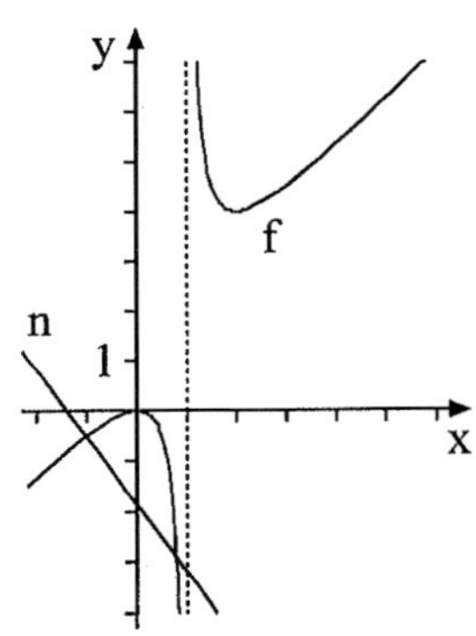

d) $n(x) = -\frac{1}{f'(-1)}(x+1) + f(-1) = -\frac{4}{3}x - \frac{11}{6}$

e) $A = \int_2^6 f(x)dx = [\frac{1}{2}x^2 + x + \ln(x-1)]_2^6 \approx 21{,}61$

5. a) $D_f: \; x \in \mathbb{R}, \quad x \neq 0$ 151

$x \to 0+0: \; f \to \infty, \quad x \to 0-0: \; f \to -\infty$

Nullstellen: keine

$f(x) = x + \frac{1}{x}, \quad f'(x) = 1 - \frac{1}{x^2}, \quad f''(x) = \frac{2}{x^3}$

Extrema: $f'(x) = 0$ für $x = -1$ und $x = 1$

$f''(-1) = -1 < 0$, H(–1|–2)

$f''(1) = 1 > 0$, T(1|2)

Wendepunkte: keine

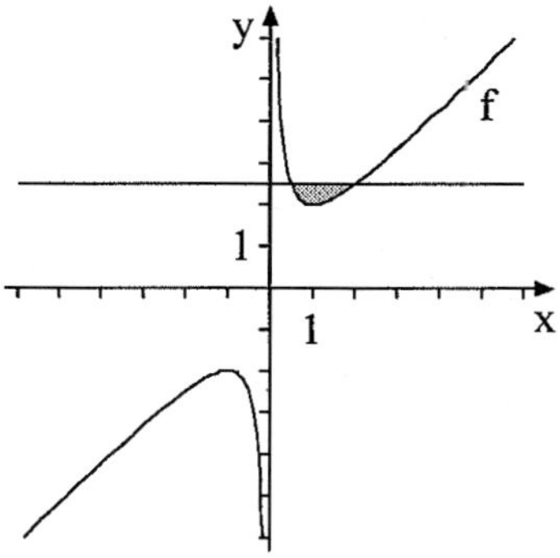

b) $f(-x) = -x + \frac{1}{-x} = -(x + \frac{1}{x}) = -f(x)$

c) $f(x) = 2{,}5$ gilt für $x = 0{,}5$ und $x = 2$

$$A = \int_{0,5}^{2} (2{,}5 - f(x))dx = [2{,}5x - \tfrac{1}{2}x^2 - \ln x]_{0,5}^{2} \approx 0{,}49 \text{ FE}$$

d) $f'(0{,}5) = -3$, Steigungswinkel: $\alpha \approx 108{,}4°$, Schnittwinkel ca. 71,6°

$f'(2) = 0{,}75$, Steigungswinkel: $\beta \approx 36{,}9°$, Schnittwinkel ca. 36,9°

e) $(d(f;0))^2 = 2x^2 + 2 + \frac{1}{x^2}, \quad ((d(x))^2)' = 4x - \frac{2}{x^2}$

$((d(x))^2)' = 0$ für $x = \pm\sqrt[4]{\frac{1}{2}} \approx \pm 0{,}84, \quad y \approx \pm 1{,}9$

P(0,84|1,9) und Q(–0,84|–1,9) sind die Punkte des Graphen von f mit dem kürzesten Abstand zum Ursprung.

Ein Extremalproblem

Analog zum Beispiel von Seite erhalten wir hier die Funktion 153

$f(x) = \frac{27}{x^2} + \frac{16}{(6-x)^2} + \frac{3}{(8-x)^2}$ sowie $f'(x) = -\frac{54}{x^3} + \frac{32}{(6-x)^3} + \frac{6}{(8-x)^3}$.

Nullstelle von f' zwischen 0 und 8: $x \approx 3{,}24$

(z.B. Intervallhalbierungsverfahren oder Newton-Verfahren o.a.)

Test

154

1. a) $f'(x) = \frac{x^3-8}{4x^3}$, $t(x) = mx + n$

$f'(-1) = \frac{9}{4}$, $P(-1 \mid \frac{3}{4})$, $\frac{3}{4} = \frac{9}{4} \cdot (-1) + n$, $n = 3$, $t_1(x) = \frac{9}{4}x + 3$

$f'(1) = -\frac{7}{4}$, $P(1 \mid \frac{5}{4})$, $\frac{5}{4} = -\frac{7}{4} \cdot 1 + n$, $n = 3$, $t_2(x) = -\frac{7}{4}x + 3$

b) $A = \frac{g \cdot h}{2} = \frac{3 \cdot \frac{64}{21}}{2} = \frac{32}{7}$, $t_1 = 0$ für $x = -\frac{4}{3}$, $t_2 = 0$ für $x = \frac{12}{7}$

c) $n(x) = mx + n$, $m = -\frac{1}{f'(1)} = \frac{4}{7}$, $P(1 \mid \frac{5}{4})$, $\frac{5}{4} = \frac{4}{7} \cdot 1 + n$, $n = \frac{19}{28}$

$n(x) = \frac{4}{7}x + \frac{19}{28}$

d) $A = \int_1^4 (\frac{1}{4}x + \frac{1}{x^2})dx = [\frac{1}{2}x^2 - \frac{1}{x}]_1^4 = 8\frac{1}{4} = 8{,}25$ FE

2. a) $f(x) = \frac{x^2+4}{4x} = \frac{1}{4}x + \frac{1}{x}$

F ist definiert für alle $x \in \mathbb{R}$, $x \neq 0$

Umgebung von x = 0:
Nähert sich x von links der nicht definierten Stelle x = 0, so geht f gegen $-\infty$.
Nähert sich x von rechts der nicht definierten Stelle x = 0, so geht f gegen ∞.

Verhalten für $x \to \pm\infty$: $f \to \frac{1}{4}x$, da $\frac{1}{x} \to 0$

b) $f'(x) = \frac{1}{4} - \frac{1}{x^2}$, $f''(x) = \frac{2}{x^3}$

Extrema:
$f'(x) = 0$: $x = \pm 2$

$x = -2$: $f''(-2) = -\frac{1}{4} < 0 \Rightarrow H(-2 \mid -1)$

$x = 2$: $f''(2) = \frac{1}{4} > 0 \Rightarrow T(2 \mid 1)$

Wendepunkte: keine
Nullstellen: keine

c)

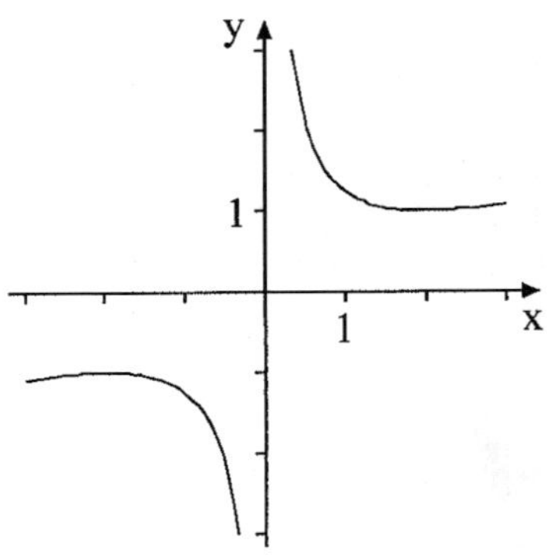

d) $|f(x) - g(x)| = |\frac{1}{x}| < 0{,}1$

gilt für $x < -10$ und $x > 10$

e) $f(0{,}5) = 2{,}125$, $f'(0{,}5) = -3{,}75$:
$h(x) = -3{,}75(x-0{,}5) + 2{,}125 = -3{,}75x + 4$
$f(2{,}5) = 1{,}025$, $f'(2{,}5) = 0{,}09$:
$k(x) = 0{,}09(x-2{,}5) + 1{,}025 = 0{,}09x + 0{,}8$

2. Ableitung von Sinus und Kosinus

1. 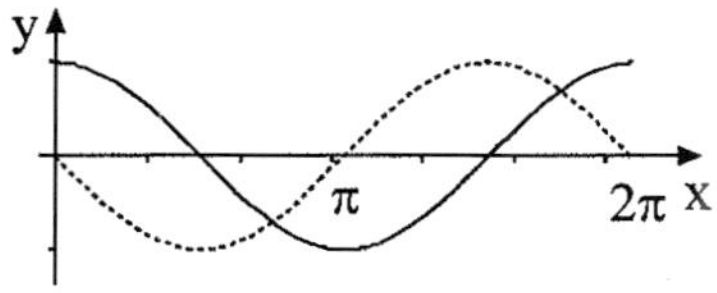

Vermutung: $f'(x) = -\sin x$ 155

2. a) $f'(x) = -4\sin 4x$ b) $f'(x) = 2x\cos(x^2)$ c) $f'(x) = 2\sin x\cos x$ 156
   d) $f'(x) = a\cos(ax+b)$ e) $f'(x) = \cos^2 x - \sin^2 x$ f) $f'(x) = 2\sin x\cos^2 x - \sin^3 x$
   g) $f'(x) = -(1+2x)\sin(x+x^2)$ h) $f'(x) = 5\cos(5x)\cos(2x) - 2\sin(5x)\sin(2x)$
   i) $f'(x) = \cos x - x\sin x$ j) $f'(x) = 2x\sin x + x^2\cos x$ k) $f'(x) = -\cos(\cos x)\sin x$
   l) $f'(x) = -20\sin(5x-1)$ m) $f'(x) = 8\cos(2x+3)$ n) $f'(x) = -\frac{\cos x}{\sin^2 x}$
   o) $f'(x) = \frac{\cos x}{2\sqrt{\sin x}}$

3. a) $\sin x\cos x + x(\cos^2 x - \sin^2 x)$ b) $\cos(\sin(x^2)) \cdot \cos(x^2) \cdot 2x$
   c) $\cos^2 x \cdot \sin(2x) + \sin x(2\cos(2x) \cdot \cos x - \sin(2x) \cdot \sin x) = 2\sin(2x) \cdot \cos(2x)$
   d) $a\cos(ax+b) \cdot \cos(ax) - a\sin(ax) \cdot \sin(ax+b)$
   e) $-\cos[\cos(\sin x)] \cdot \sin(\sin x) \cdot \cos x$
   f) $-2\sin x \cdot \cos^2 x - \sin x + \sin^3 x = -3\sin x \cdot \cos^2 x$

4. $g'(x) = \frac{\sin x}{\cos^2 x}$, $f'(x) = 1 + \sin x \cdot \frac{\sin x}{\cos^2 x} = \frac{\cos^2 x + \sin^2 x}{\cos^2 x} = \frac{1}{\cos^2 x}$

5. $(\sin(2x))' = 2\cos(2x)$, $(2\sin x\cos x)' = 2\cos^2 x - 2\sin^2 x = 2(\cos^2 x - \sin^2 x) = 2\cos(2x)$

6. $(\sin(x+y))' = \cos(x+y)$
   $(\sin x\cos y + \cos x\sin y)' = \cos x\cos y - \sin x\sin y$
   Man erhält das Additionstheorem für den Kosinus.

7. a) $-\frac{1}{\pi}\cos \pi x + C$ b) $x + \frac{1}{\pi}\sin(-\pi x) + C$
   c) $-\frac{1}{2}\cos(2x+1) - \sin x + x + C$
   d) $[-2\cos(\frac{1}{2}x)]_0^{2\pi} = 4$ Flächeninhalt zwischen f und der x-Achse über $[0 ; 2\pi]$
   e) $[\frac{1}{2}x^2 - \cos x]_0^{2\pi} = 2\pi^2$ Flächeninhalt zwischen f und der x-Achse über $[0 ; 2\pi]$ entspricht dem Flächeninhalt unter $g(x) = x$ über $[0 ; 2\pi]$; die Sinusbögen heben sich auf
   f) $[\frac{1}{2}\sin(2x)]_0^{\pi} = 0$ Flächenanteile über der x-Achse entsprechen den Anteilen darunter

156 3. a) $\sin x\cos x + x(\cos^2 x - \sin^2 x)$ b) $\cos(\sin(x^2))\cdot\cos(x^2)\cdot 2x$

c) $\cos^2 x\cdot\sin(2x) + \sin x(2\cos(2x)\cdot\cos x - \sin(2x)\cdot\sin x) = 2\sin(2x)\cdot\cos(2x)$

d) $a\cos(ax+b)\cdot\cos(ax) - a\sin(ax)\cdot\sin(ax+b)$

e) $-\cos[\cos(\sin x)]\cdot\sin(\sin x)\cdot\cos x$

f) $-2\sin x\cdot\cos^2 x - \sin x + \sin^3 x = -3\sin x\cdot\cos^2 x$

4. $g'(x) = \frac{\sin x}{\cos^2 x}$, $f'(x) = 1 + \sin x\cdot\frac{\sin x}{\cos^2 x} = \frac{\cos^2 x + \sin^2 x}{\cos^2 x} = \frac{1}{\cos^2 x}$

5. $(\sin(2x))' = 2\cos(2x)$, $(2\sin x\cos x)' = 2\cos^2 x - 2\sin^2 x = 2(\cos^2 x - \sin^2 x) = 2\cos(2x)$

6. $(\sin(x+y))' = \cos(x+y)$
$(\sin x\cos y + \cos x\sin y)' = \cos x\cos y - \sin x\sin y$
Man erhält das Additionstheorem für den Kosinus.

157 7. a) $-\frac{1}{\pi}\cos\pi x + C$ b) $x + \frac{1}{\pi}\sin(-\pi x) + C$

c) $-\frac{1}{2}\cos(2x+1) - \sin x + x + C$

d) $[-2\cos(\frac{1}{2}x)]_0^{2\pi} = 4$ Flächeninhalt zwischen f und der x-Achse über $[0\,;\,2\pi]$

e) $[\frac{1}{2}x^2 - \cos x]_0^{2\pi} = 2\pi^2$ Flächeninhalt zwischen f und der x-Achse über $[0\,;\,2\pi]$ entspricht dem Flächeninhalt unter $g(x) = x$ über $[0\,;\,2\pi]$; die Sinusbögen heben sich auf

f) $[\frac{1}{2}\sin(2x)]_0^{\pi} = 0$ Flächenanteile über der x-Achse entsprechen den Anteilen darunter

160 8. $m = \frac{\pi}{4} = \tan\alpha$, $\alpha = 38{,}15°$

9. Es muss $-\sin x = -\frac{1}{2}$ gelten: $x = 0{,}5236$

10. $\sin x = 2\sin x\cdot\cos x$, $x = 0$, $x = \frac{\pi}{3}$

$$A = \int_0^{\pi/3} (\sin(2x) - \sin x)\,dx = [-\tfrac{1}{2}\cos(2x) + \cos x]_0^{\pi/3} = \frac{1}{4}$$

11. $d(x) = \sin x - \sin\frac{x}{2}$, $d'(x) = \cos x - \frac{1}{2}\cos\frac{x}{2} = 2\cos^2\frac{x}{2} - 1 - \frac{1}{2}\cos\frac{x}{2} = 0$
$\cos\frac{x}{2} = \frac{1}{8} \pm 0{,}7181$, $x = 1{,}1355$

12. $$A = \int_{-\pi/2}^{\pi/2} \cos x\,dx - \int_0^1 (x - x^2)\,dx = [\sin x]_{-\pi/2}^{\pi/2} - [\tfrac{1}{2}x^2 - \tfrac{1}{3}x^3]_0^1 = 2 - \tfrac{1}{6} = \tfrac{11}{6}$$ 1,83

13. $A = \int\limits_0^4 (4x - x^2)dx - \int\limits_0^{\pi} \sin x dx + |\int\limits_{\pi}^{2\pi} 2\sin x dx| = \frac{32}{3} - 2 + 4 = \frac{38}{3}$ 12,6 161

14. $H(\frac{\pi}{2}|1)$: $f(x) = \frac{4}{\pi^2}x^2$

$A = \int\limits_0^{\pi/2} (\sin x - \frac{4}{\pi^2}x^2)dx = [-\cos x - \frac{4}{3\pi^2}x^3]_0^{\pi/2} = -\frac{\pi}{6} + 1 = 0{,}4764$

3. Diskussion trigonometrischer Funktionen

1. $W(1 + \frac{\pi}{2}|1)$ 161

2. a) Periode: 4, Streckung: 2, y–Verschiebung: −1, $f(x) = 2\cos(\frac{\pi}{2}x) - 1$ 162

b) $\cos(\frac{\pi}{2}x) = \frac{1}{2}$, $\frac{\pi}{2}x = \frac{\pi}{3} \Rightarrow x = \frac{2}{3}$

c) $A = \int\limits_0^{2/3} f(x)dx = [\frac{4}{\pi}\sin(\frac{\pi}{2}x) - x]_0^{2/3} = 0{,}436$

d) $W(1\,|\,-1)$

e) $n(x) = mx + n$, $m = -\frac{1}{f'(1)} = \frac{1}{\pi}$, $-1 = \frac{1}{\pi}\cdot 1 + n$, $n = -1 - \frac{1}{\pi}$

$n(x) = \frac{1}{\pi}x - \frac{\pi+1}{\pi}$ $(n(x) \approx 0{,}318x - 1{,}318)$

3. a) $f'(x) = 2\cos x - \sin x$, $f''(x) = -2\sin x - \cos x$ 163

$\frac{\sin x}{\cos x} = -\frac{1}{2}$, $x = -0{,}46 + k\pi \Rightarrow x = 2{,}68$

$W(2{,}68\,|\,0)$, $t(x) = mx + n$, $m = f'(2{,}68) = -2{,}24$, $0 = -6 + n$, $n = 6$

$t(x) = -2{,}24x + 6$

b) $0 = \sin x + \cos x$, $x = \frac{3\pi}{4}$, $A = \int\limits_0^{3\pi/4} f(x)dx = [-\cos x + \sin x]_0^{3\pi/4} = 2{,}414$

4. b) $\sin x = -\sin x \cos x$ 165

$x = 0, x = \pi, x = 2\pi, x = 2{,}09, x = 4{,}19$

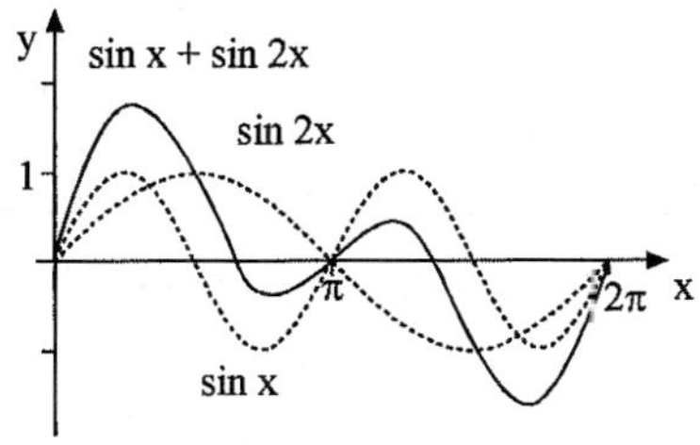

c) $H(0{,}94\,|\,1{,}76)$, $T(2{,}57\,|\,-0{,}37)$,
$H(3{,}71\,|\,0{,}37)$, $T(5{,}35\,|\,-1{,}76)$

d) $A = 2{,}25 + 0{,}25 + 0{,}25 + 2{,}25 = 5$

165 5. b) Nullstellen: $x = 0{,}52$, $x = 3{,}67$

c) $H(2{,}09 \mid 1{,}73)$

d) $A = [-\cos x - \cos(x - \frac{\pi}{3})]_{0,52}^{3,67} = 3{,}464$

e) $W(0{,}52 \mid 0)$, $W(3{,}67 \mid 0)$
$f'(0{,}52) = 1{,}73$, $f'(3{,}67) = -1{,}73$
$t_1(x) = 1{,}73x - 0{,}9$, $t_2(x) = -1{,}73x + 6{,}36$
Schnittpunkt: $S(2{,}095 \mid 2{,}72)$

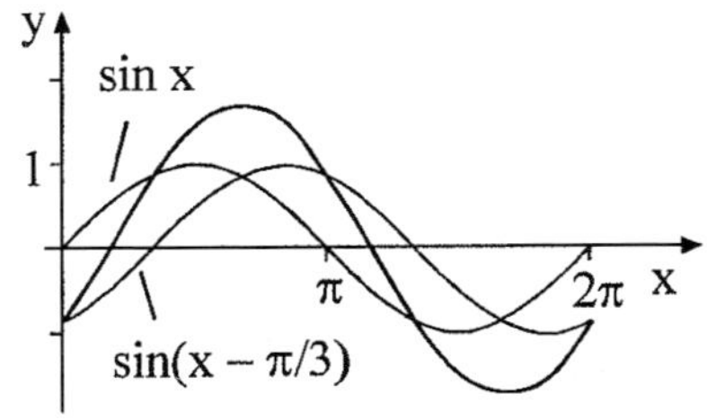

166 6. b) Nullstellen: $x = 1{,}57$, $x = 3{,}67$
Extrema: $H(2{,}62 \mid 1)$, $T(5{,}76 \mid -3)$
$W(1{,}05 \mid -1)$, $W(4{,}19 \mid -1)$

c) $A = 1{,}37$

d) $f'(0) = 1$, $\alpha = 45°$

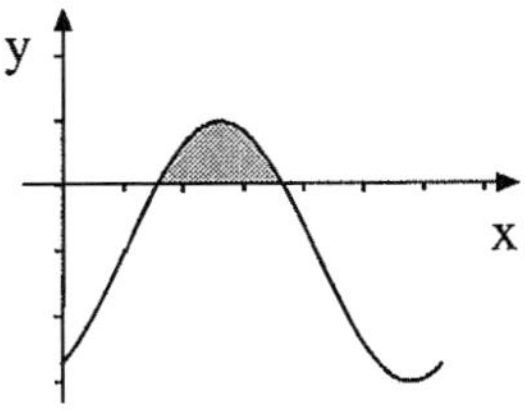

7. a) Periode: π, Nullstellen: $0{,}17$, $1{,}40$ $(+k\pi)$
Extrema: $H(0{,}79 \mid 2)$, $T(2{,}36 \mid -4)$, $W(0 \mid -1)$, $W(\frac{\pi}{2} \mid -1)$, $W(\pi \mid -1)$

b) Periode: π, Nullstellen: $0{,}79$, $2{,}36$ $(+k\pi)$
Extrema: $H(0 \mid 1)$, $T(\frac{\pi}{2} \mid -1)$, $H(\pi \mid 1)$, $W(0{,}79 \mid 0)$, $W(2{,}36 \mid 0)$

c) Periode: 2, Nullstellen: $0{,}11$, $0{,}89$ $(+2k)$
$H(0{,}5 \mid 2)$, $T(1{,}5 \mid -4)$, $W(0 \mid -1)$, $W(1 \mid -1)$, $W(2 \mid -1)$

8. a) $f(x) = 2\sin(2x) + 2$
$g(x) = -\cos(\frac{\pi}{2}x) - 1$

b) $A = \int_0^4 (g(x) - (-2))dx = [-\frac{2}{\pi}\sin(\frac{\pi}{2}x) + x]_0^4 = 4$

9. a) Nullstellen: $x = 2{,}03$, $x = 5{,}18$
Extrema: $H(0{,}46 \mid 2{,}24)$, $T(3{,}61 \mid -2{,}24)$
$W(2{,}03 \mid 0)$, $W(5{,}18 \mid 0)$

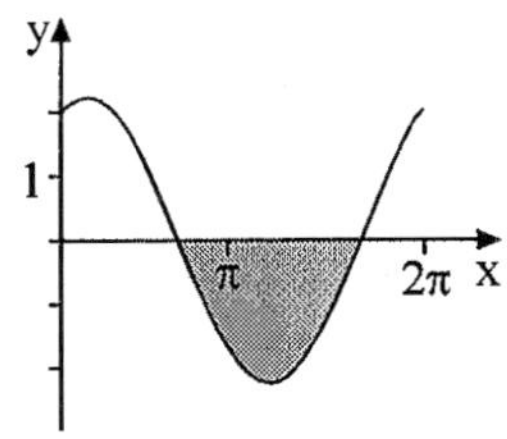

b) $A = \left|\int_{2,03}^{5,18} f(x)dx\right| = \left|[-\cos x + 2\sin x]_{2,03}^{5,18}\right| = 4{,}472$

c) $A = \int_0^{\pi/2} 2\cos x dx = [2\sin x]_0^{\pi/2} = 2$

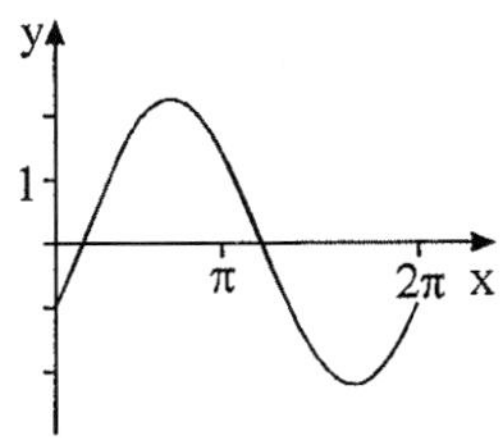

10. Nullstellen: $x = 0{,}46$, $x = 3{,}61$
Extrema: $H(2{,}03 \mid 2{,}24)$, $T(5{,}18 \mid -2{,}24)$
$W(0{,}46 \mid 0)$, $W(3{,}61 \mid 0)$

11. A: g, B: f, C: k, D: h

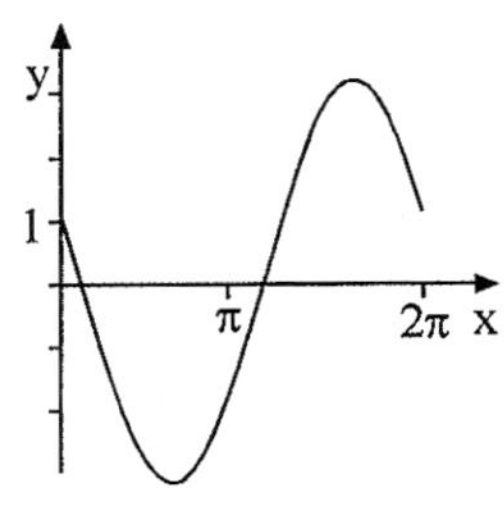

12. b) Nullstellen: $x = 0{,}32$, $x = 3{,}46$
$T(1{,}89 \mid -3{,}16)$, $H(5{,}03 \mid 3{,}16)$, $W(0{,}32 \mid 0)$, $W(3{,}46 \mid 0)$

c) $A = 0{,}162$

d) $f'(x) = 3\cos(x + \pi) - \sin x$, $f'(0) = -3 \Rightarrow \alpha \approx 71{,}6°$

4. Exkurs: Extremalprobleme und Rekonstruktionen

1. HB: $U = 2a + 2b$ 167
NB: $a = \pi - 2x$, $b = 2\sin x + \sin x = 3\sin x$
ZF: $U(x) = 2(\pi - 2x) + 6\sin x]$, $U'(x) = -4 + 6\cos x = 0$, $x = 0{,}841$

2. $d(x) = \sin x + \sin(2x)$ 168
$d'(x) = \cos x + 2\cos(2x) = \cos x + 4\cos^2 x - 2, \quad \cos^2 x + \frac{1}{4}\cos x - \frac{1}{2} = 0$
$\cos x = -\frac{1}{8} \pm \sqrt{\frac{1}{64} + \frac{1}{2}}, \quad x = 0{,}936$ bzw. $x = 2{,}5738$
$d''(x) = -4\sin(2x) - \sin x$, $d''(0{,}9359) < 0$ (Max), $d''(2{,}5738) > 0$ (Min)

3. HB: $A = \frac{1}{2} g \cdot h$ 170
NB: $g = 2a\sin\frac{\alpha}{2}$, $h = a\cos\frac{\alpha}{2}$ (α im Bogenmaß)
ZF: $A(\alpha) = a^2 \sin\frac{\alpha}{2} \cdot \cos\frac{\alpha}{2}$
$A'(\alpha) = \frac{a^2}{2} \cdot 2\sin\alpha = a^2 \cdot \sin\alpha$
$A'(\alpha) = 0 \quad \Rightarrow \quad \alpha = \frac{\pi}{2} \mathrel{\hat{=}} 90°$

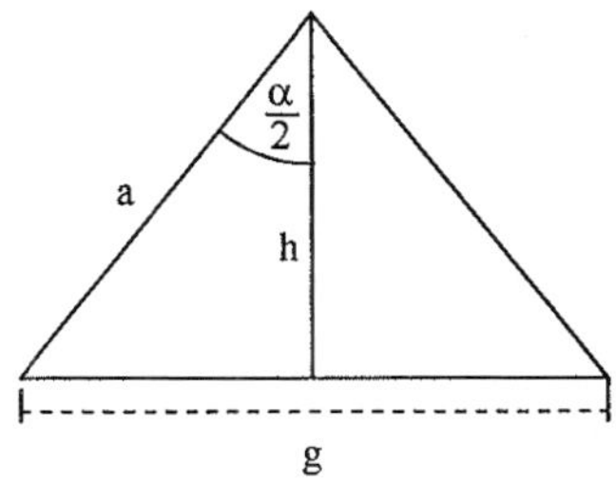

4. HB: $U = 2a + 2b$
NB: $a = \pi - 2x, \quad b = 3\sin x$
ZF: $U(x) = 2(\pi - 2x + 3\sin x)$, $U'(x) = -4 + 6\cos x = 0 \Rightarrow x = 0{,}841$

5. $V = V_{Zyl} + V_{Keg} = \pi r^2 \cdot 5 + \frac{1}{3}\pi r^2 \cdot h = \pi r^2 \left(5 + \frac{h}{3}\right)$
Mit $r = 9\sin\frac{\alpha}{2}$ und $h = 9\cos\frac{\alpha}{2}$ folgt: (α im Bogenmaß)
$V(\alpha) = 81\pi\sin^2\frac{\alpha}{2}\left(5 + 3\cos\frac{\alpha}{2}\right)$, $V'(\alpha) = 81\pi\sin\frac{\alpha}{2}\left(\cos\frac{\alpha}{2}\left(5 + 3\cos\frac{\alpha}{2}\right) - \frac{3}{2}\sin^2\frac{\alpha}{2}\right)$
$0 = \left(\cos\frac{\alpha}{2}\left(5 + 3\cos\frac{\alpha}{2}\right) - \frac{3}{2}\sin^2\frac{\alpha}{2}\right) = 4{,}5\cos^2\frac{\alpha}{2} + 5\cos\frac{\alpha}{2} - 1{,}5$
$\Rightarrow \cos\frac{\alpha}{2} \approx 0{,}2456 \Rightarrow \alpha = 2{,}6453 \mathrel{\hat{=}} 151{,}56°$

6. $d(x) = 2\sin x - \sin(2x)$, $d'(x) = 2\cos x - 2\cos(2x) = 2$cc
$0 = \cos^2 x - \frac{1}{2}\cos x - \frac{1}{2}$, $\cos x = \frac{1}{4} \pm \sqrt{\frac{9}{16}}$, $x = \frac{2}{3}\pi$

7. Mit dem Winkel α ändert sich entsprechend
auch der Winkel $\beta = \frac{720° - 2\alpha}{4} = 180° - \frac{\alpha}{2}$
Man setze $\gamma = \frac{\alpha}{2}$. $A(\gamma) = \underbrace{2\sin\gamma\cos\gamma}_{\text{2 Dreiecke}} + \underbrace{2\sin\gamma \cdot 1}_{\text{Rechteck}}$
$A'(\gamma) = 2\cos\gamma(\cos\gamma + 1) + 2\sin\gamma(-\sin\gamma)$
$A'(\gamma) = 0$, $\cos^2\gamma + \frac{1}{2}\cos\gamma - \frac{1}{2} = 0$
$(\cos\gamma = -1 \Rightarrow \gamma = 180° \Rightarrow \alpha = 360°)$
$\cos\gamma = \frac{1}{2} \quad \Rightarrow \gamma = 60° \quad \Rightarrow \alpha = 120° = \beta$
$A''(60°) < 0 \Rightarrow$ Max. (regelm. 6-Eck)

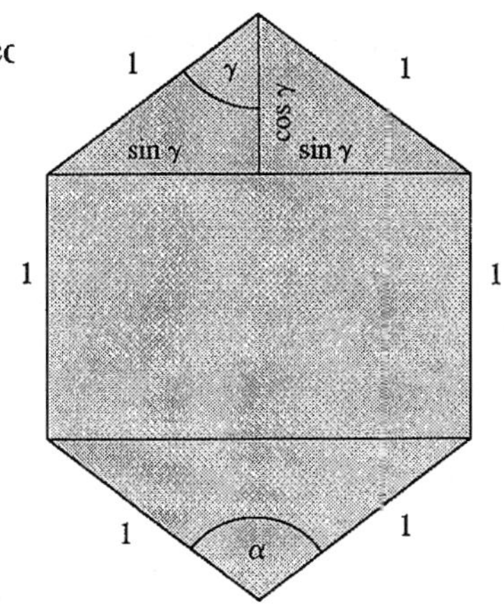

170 8. Die Strecke L wird für einen bestimmten Winkel α minimal. Wir bestimmen also diese kritische Streckenlänge:

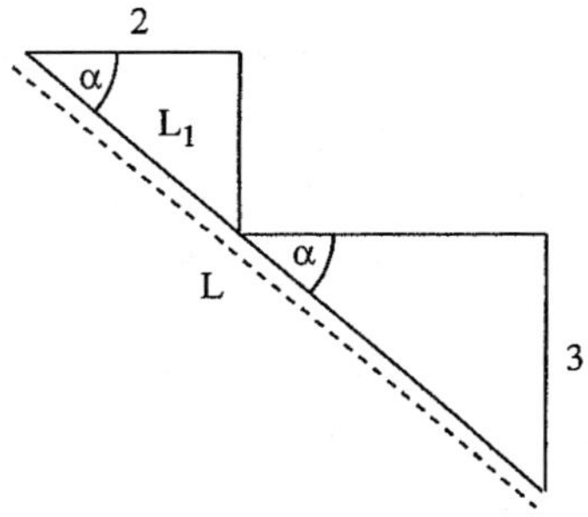

$$L(\alpha) = L_1 + L_2 = \frac{2}{\cos\alpha} + \frac{3}{\sin\alpha} \quad (\alpha \text{ im Bogenmaß})$$
$$L'(\alpha) = \frac{2\sin^3\alpha - 3\cos^3\alpha}{\cos^2\alpha \cdot \sin^2\alpha}$$
$$L'(\alpha) = 0 \Rightarrow 2\sin^3\alpha = 3\cos^3\alpha$$
$$\tan^3\alpha = \frac{3}{2} \Rightarrow \alpha = 0{,}8528 \mathrel{\hat=} 48{,}86°$$
$$L(0{,}8528) = 7{,}02$$

Das Montagebrett darf nicht länger als 7,02 m sein.

171 9. I. $f(\frac{\pi}{2}) = a: \quad a\cos(b\frac{\pi}{2} + c) = a \quad \Rightarrow \quad b\frac{\pi}{2} = -c$

II. $f(\frac{3}{2}\pi) = 0: a\cos(b^3\frac{\pi}{2} + c) = 0 \quad \Rightarrow \quad b\frac{3}{2}\pi + c = \frac{\pi}{2}$

mit I: $-2c = \frac{\pi}{2}, \quad c = -\frac{\pi}{4}, \quad b = \frac{1}{2}$

III. $A = \int_0^{\pi/2} a\cos(\frac{x}{2} - \frac{\pi}{4})\,dx = [2a\sin(\frac{x}{2} - \frac{\pi}{4})]_0^{\pi/2} = 2a(\sin 0 - \sin(-\frac{\pi}{4})$

$= \frac{2a}{\sqrt{2}} = a\sqrt{2} \overset{!}{=} 2\sqrt{2} \quad \Rightarrow \quad a = 2$, Resultat: $f(x) = 2\cos(\frac{1}{2}x - \frac{\pi}{4})$

173 10. $H(\frac{\pi}{2}|2), \quad f(\frac{\pi}{2}) = 2: \quad a\cdot\frac{\pi^2}{4} = 2, \quad a = \frac{8}{\pi^2} \Rightarrow f(x) = \frac{8}{\pi^2}x^2$

$A = \int_0^{\pi/2} (2\sin x - \frac{8}{\pi^2}x^2)\,dx = [-2\cos x - \frac{8}{3\pi^2}x^3]_0^{\pi/2} = -\frac{8}{3\pi^2}\cdot\frac{\pi^3}{8} + 2 = 2 - \frac{\pi}{3} = 0{,}953$

11. $H(\frac{\pi}{2}|b), \quad f(\frac{\pi}{2}) = a\cdot\frac{\pi^2}{4} = b$

$A = a\int_0^{\pi/2} (\frac{\pi^2}{4}\sin x - x^2)\,dx = a[-\frac{\pi^2}{4}\cos x - \frac{1}{3}x^3]_0^{\pi/2}$

$= a(-\frac{1}{3}\cdot\frac{\pi^3}{8} + \frac{\pi^2}{4}) = a\frac{6\pi^2 - \pi^3}{24} \overset{!}{=} 6 - \pi \quad \Rightarrow \quad a = \frac{24}{\pi^2}, \quad b = 6$

Resultat: $f(x) = \frac{24}{\pi^2}x^2$, $g(x) = 6\sin x$

12. Die Nullstellen $\frac{\pi}{4}$ und $\frac{7}{4}\pi$ haben den Abstand einer halben Periodenlänge, also $p = 3\pi$. Damit gilt weiter $b = \frac{2}{3}$.

Aus 1. Nullstelle: $f(\frac{\pi}{4}) = a\sin(\frac{2}{3}(\frac{\pi}{4} - c)) = 0$ folgt $\frac{2}{3}(\frac{\pi}{4} - c) = 0 \Rightarrow c = \frac{\pi}{4}$.

$A = \int_{\pi/4}^{7\pi/4} a\sin(\frac{2}{3}(x - \frac{\pi}{4}))\,dx = [-a\cdot\frac{3}{2}\cos(\frac{2}{3}(x - \frac{\pi}{4}))]_{\pi/4}^{7\pi/4} = 3a \overset{!}{=} 3 \Rightarrow a = 1$

Resultat: $f(x) = \sin(\frac{2}{3}(x - \frac{\pi}{4}))$

13. Ursprungssymmetrie, also ist d = 0 173

$f(x) = a\sin(b(x+\frac{c}{b}))$, Periode $p = \pi$, also $b = 2$

$f(x) = a\sin(2(x+\frac{c}{2}))$

I. $f(0) = 0$: $a\sin c = 0 \Rightarrow \sin c = 0 \Rightarrow c = 0$

II. $f'(0) = \sqrt{3}$: $2a\cos c = \sqrt{3}$, $a = \frac{\sqrt{3}}{2}$

Resultat: $f(x) = \frac{1}{2}\sqrt{3}\sin(2x)$

14. $f(x) = a\sin(b(x-c)) + d$

$T(0|2)$, $H(10|8) \Rightarrow 8-2 = 6 = 2a$, $a = 3$

Weiter folgt: $10-0 = 10 = \frac{1}{2}p$, $p = 20 = \frac{2\pi}{b}$, $b = \frac{\pi}{10}$

$W(5|5)$, also $c = 5$, $d = 5$; Resultat: $f(x) = 3\sin(\frac{\pi}{10}(x-5))+5$

15. Die Nullstellen von g, $x = \pm 1$, sind auch Nullstellen von f, also $bx = \pm\frac{\pi}{2}$, $b = \frac{\pi}{2}$.

$$A = 2a\int_0^1 (\cos(\tfrac{\pi}{2}x) - (x^2-1))dx = 2a[\tfrac{2}{\pi}\sin(\tfrac{\pi}{2}x) - \tfrac{1}{3}x^3 + x]_0^1$$

$$= 2a[\tfrac{2}{\pi} - \tfrac{1}{3} + 1] = 2a\tfrac{6+2\pi}{3\pi} \overset{!}{=} 12+4\pi \Rightarrow a = 3\pi$$

Resultat: $f(x) = 3\pi\cos(\frac{\pi}{2}x)$, $g(x) = 3\pi(x^2-1)$

16. f ist punktsymmetrisch zu O(0|0), also c = 0. 174

Periode $4 = \frac{2\pi}{b} \Rightarrow b = \frac{\pi}{2}$

$$A = \int_0^1 (a\sin(\tfrac{\pi}{2}x) - x)dx = [-a\cdot\tfrac{2}{\pi}\cos(\tfrac{\pi}{2}x) - \tfrac{1}{2}x^2]_0^1 = \tfrac{4a-\pi}{2\pi} \overset{!}{=} 1 \Rightarrow a = \tfrac{3}{4}\pi$$

Resultat: $f(x) = \frac{3}{4}\pi\sin(\frac{\pi}{2}x)$

17. a) f: $H(0|2)$, $T(2|1)$, $H(4|2)$, daraus folgt $a = \frac{1}{2}$, Periode $p = 4 = \frac{2\pi}{b}$, $b = \frac{\pi}{2}$, $c = \frac{3}{2}$

Resultat: $f(x) = \frac{1}{2}\cos(\frac{\pi}{2}x) + \frac{3}{2}$

g: $g(0) = 2$: $w = 2$

$g(2) = 0$: $4u + 2v + 2 = 0$

$g(4) = 2$: $16u + 4v + 2 = 2$ Resultat: $g(x) = \frac{1}{2}x^2 - 2x + 2$

b) $A = \int_0^4 (\frac{1}{2}\cos(\frac{\pi}{2}x) + \frac{3}{2} - \frac{1}{2}x^2 + 2x - 2)dx = [\frac{1}{\pi}\sin(\frac{\pi}{2}x) - \frac{1}{2}x - \frac{1}{6}x^3 + x^2]_0^4 = \frac{10}{3}$

c) $m_f = 0$, $m_g = g'(4) = 2$, $\gamma = 63{,}43°$

18. $A = \int_{0,262}^{\pi/4} (a - a\sin(2x))dx = [ax + \frac{a}{2}\cos(2x)]_{0,262}^{\pi/4} = a(\frac{\pi}{4} - 0{,}262 - 0{,}433) = 0{,}09a$)

$1 = 0{,}09a + \frac{0{,}262a}{2} = 0{,}221a \Rightarrow a = 4{,}525$, Resultat: $f(x) = 4{,}525\sin(2x)$

174 19. g ist achsensymmetrisch, also gilt b = 0.

$$\left.\begin{array}{l} g(-\frac{\pi}{2})=0:\quad a\frac{\pi^2}{4}+c=0 \\ g(0)=1:\quad c=1 \end{array}\right\} \Rightarrow \quad a=-\frac{4}{\pi^2},\quad g(x)=-\frac{4}{\pi^2}x^2+1$$

$$A=2\int_0^{\pi/2}(-\frac{4}{\pi^2}x^2+1-\cos x)dx=2[-\frac{4}{3\pi^2}x^3+x-\sin x]_0^{\pi/2}$$

$$=2[-\frac{6}{\pi}+\frac{\pi}{2}-1]=\frac{2}{3}\pi-2=0{,}0944$$

Test

176 1. a) x-Verschiebung: 0,5 , y-Verschiebung: 1 , Streckfaktor: 1 , Periode: 4

b) $(1{,}5|1), t(x)=mx+n,\quad m=f'(1{,}5)=-\frac{\pi}{2},\quad 1=-\frac{\pi}{2}\cdot 1{,}5+n,\quad n=\frac{4+3\pi}{4}$

$t(x)=-\frac{\pi}{2}x+\frac{4+3\pi}{4}$

c) $A=\int_0^{2,5}f(x)dx=[\frac{2}{\pi}\sin(\frac{\pi}{2}(x-\frac{1}{2}))+x]_0^{2,5}=2{,}95$

2. b) $x=\frac{3}{4}\pi,\quad x=\frac{7}{4}\pi$

a)

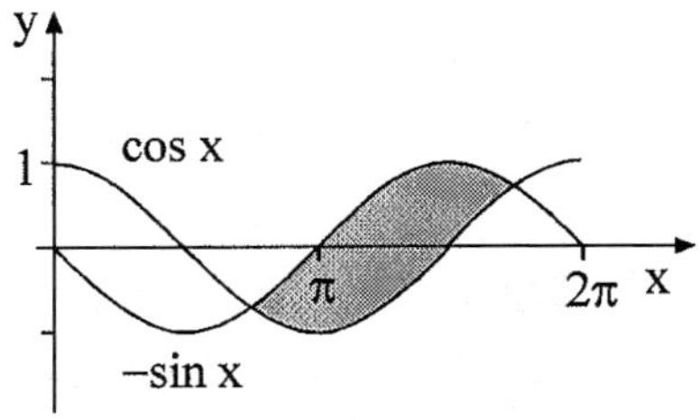

c) $m_f=f'(\frac{3}{4}\pi)=-\sin(\frac{3}{4}\pi)=-0{,}707$

$m_g=g'(\frac{3}{4}\pi)=-\cos(\frac{3}{4}\pi)=0{,}707$

$\alpha\approx-35{,}3°,\quad \beta\approx 35{,}3°$

$\gamma=180°-(|\alpha|+\beta)=70{,}6°$

d) $A=\int_{3\pi/4}^{7\pi/4}(-\sin x-\cos x)dx$

$=[\cos x-\sin x]_{3\pi/4}^{7\pi/4}$

$=2\sqrt{2}=2{,}828$

3. $f(x)=-2\sin\frac{x}{2}\quad,\quad g(x)=3\cos(2x)$

4. a) $x=\frac{\pi}{4}$

b) $A=\int_0^{\pi/4}2\sin x\,dx+\int_{\pi/4}^{\pi/2}2\cos x\,dx=[-2\cos x]_0^{\pi/4}+[2\sin x]_{\pi/4}^{\pi/2}$

$=(2-\sqrt{2})+(2-\sqrt{2})=1{,}17$

c) $m_f=f'(\frac{\pi}{4})=\frac{1}{\sqrt{2}}t$

$m_g=g'(\frac{\pi}{4})=-\frac{1}{\sqrt{2}}t$

$m_f\cdot m_g=-1\Rightarrow\frac{1}{\sqrt{2}}t\cdot(-\frac{1}{\sqrt{2}}t)=-1\Rightarrow t^2=2\Rightarrow t=\sqrt{2}\ (t>0)$

VI. Komplexe Aufgaben
1. Ganzrationale Funktionen

179

1. a) Nullstellen: $x = 0$ (doppelte) und $x = 9$

b) $f'(x) = \frac{1}{6}x^2 - x$, $f''(x) = \frac{1}{3}x - 1$, $f'''(x) = \frac{1}{3}$
Extrema: $f'(x) = 0$ für $x = 0$ und $x = 6$
$f''(0) = -1 < 0$, $H(0|0)$
$f''(6) = 1 > 0$, $T(6|-6)$

c)

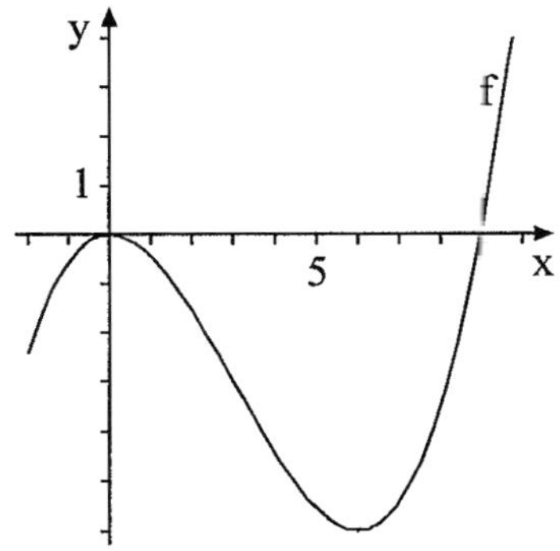

d) $\int_0^9 f(x)dx = [\frac{1}{72}x^4 - \frac{1}{6}x^3]_0^9 = -30375$
Der Querschnitt beträgt 30375 m^2.

e) Ab dem Schnittpunkt der Wendetangente mit der y-Achse.
Wendetangente: $t(x) = f'(3)(x-3) + f(3)$
$t(x) = -1{,}5x + 1{,}5$
Ab einer Höhe von 1,5 m über dem Punkt H ist der gesamte Seegrund einsehbar.

f) Wendenormale: $n(x) = -\frac{1}{f'(3)}(x-3) + f(3) = \frac{2}{3}x - 5$
$P(9|0)$, $n(9) = 1 > 0$, also liegt P unterhalb von n.

2. a) $f(x) = b - ax^4$, $f(0) = 4$: $b = 4$
$f(2) = 4 - 16a = 0$: $a = 0{,}25$, Resultat: $f(x) = 4 - 0{,}25x^4$
$h_1(x) = a(x-x_s)^2 + y_s$ mit $S(-8|5)$ folgt $h_1(x) = a(x+8)^2 + 5$
Mit $h_1(-3) = 0$ folgt $25a + 5 = 0$, also $a = -0{,}2$.
Resultat: $h_1(x) = -0{,}2(x+8)^2 + 5$ analog $h_2(x) = -0{,}2(x-8)^2 + 5$

b) $f(1{,}25) \approx 3{,}39$ abzüglich 0,5 Toleranz ergibt 2,89, gerundet 2,9m muss auf das Schild.

c) $f(1{,}5) \approx 2{,}73 > 2{,}7$, die Durchfahrt könnte knapp gelingen.

d) Querschnitt:

$$\int_0^2 f(x)dx = [4x - \frac{1}{20}x^5]_0^2 = 6{,}4$$: Der Torbogenquerschnitt beträgt 12,8m^2.

$$\int_3^8 h_2(x)dx = [-\frac{1}{15}(x-8)^3 + 5x]_3^8 = \frac{50}{3}:$$

Die Böschungen haben zusammen einen Querschnitt von $\frac{100}{3}m^2$.

Die Brücke hat einen Querschnitt von $16 \cdot 6 - 12{,}8 - \frac{100}{3} \approx 49{,}87m^2$.

Mit 4m Breite ergibt das ein Volumen von $199{,}47 \approx 200m^3$.

e) $h1'(x) = -\frac{3}{5}(x+8) = -1$ gilt für $x = -5{,}5$.
Die linke Böschung hat bei $x = -5{,}5$ 45° Steigung, analog rechts bei $x = 5{,}5$.

180 3. a) $f(x) = 0$ für $x = \pm\sqrt{3}$ und $x = \pm 1$

b) $f'(x) = 2x^3 - 4x$, $f''(x) = 6x^2 - 4$, $f'''(x) = 12x$

Extream: $f'(x) = 0$ für $x = 0$ und $x = \pm\sqrt{2}$

$f''(0) = -4 < 0$, $H(0|1{,}5)$

$f''(\pm\sqrt{2}) = 8 > 0$, $T_1(-\sqrt{2}\,|-0{,}5)$, $T_2(\sqrt{2}\,|-0{,}5)$

Wendepunkte: $f''(x) = 0$ für $x = \pm\sqrt{\frac{2}{3}}$

$f'''(-\sqrt{\frac{2}{3}}) < 0$, LRWP $W(-\sqrt{\frac{2}{3}}\,|\,\frac{19}{18})$, $f'''(\sqrt{\frac{2}{3}}) > 0$, RLWP $W(\sqrt{\frac{2}{3}}\,|\,\frac{19}{18})$

c)

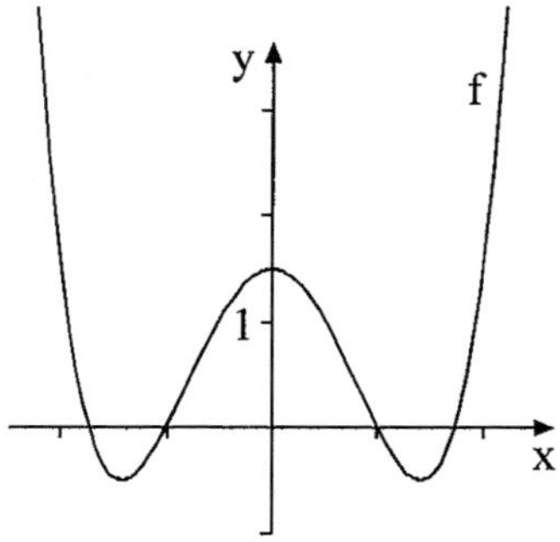

d) $\int_0^1 f(x)dx = [\frac{1}{10}x^5 - \frac{2}{3}x^3 + 1{,}5x]_0^1 = \frac{14}{15}$

Die markierte Fläche hat einen Inhalt von $\frac{28}{15} \approx 1{,}87$FE.

e) Links von T_1 ist f linksgekrümmt und berührt die Tangente bei $x = -\sqrt{3}$.
Bis dort ist also die Nullstelle der einzige gemeinsame Punkt.
Recht von T_1 ist $t(x) < -0{,}5$ und damit kleiner als das absolute Minimum von f.
Daher hat die linke Nullstellentangente genau einen Punkt mit f gemeinsam.
Das gleiche gilt wegen der Symmetrie auch für die rechte Nulletellentangente.
Tangente bei $x = -1$: $t(x) = 2x + 2$
Bis zum linken Wendepunkt ist f linksgekrümmt und hat daher mit t nur die Nullstelle $x = -1$ gemeinsam.
Ab dem linken Wendepunkt ist f rechtsgekrümmt und es gilt $f(0) = 1{,}5 < g(0) = 2$.
D.h. zwischen Wendepunkt und $x = 0$ schneiden sich Tangente und f.
Bis zur rechten Nullstelle von f gilt offensichtlich $f(x) < t(x)$. Wegen der Linkskrümmung von f müssen sich f und t danach nochmals schneide, d.h. es gibt 3 gemeinsame Punkte.

f) $t_{-1}(x) = 2x + 2$, $t_1(x) = -2x + 2$, Schnittpunkt: $S(0|2)$
Steigungswinkel α von t_{-1}: $\tan\alpha = 2$, $\alpha \approx 63{,}4°$
Steigungswinkel β von t_1: $\tan\beta = -2$, $\beta \approx 116{,}6°$
Schnittwinkel $\gamma \approx 53{,}2°$

4. a) Nullstellen: $x = 0$ und $x = 3$

b) $f(x) = \frac{1}{6}x^3 - x^2 + \frac{3}{2}x$, $f'(x) = \frac{1}{2}x^2 - 2x + \frac{3}{2}$

$f''(x) = x - 2$, $f'''(x) = 1$

Extrema: $f'(x) = 0$ für $x = 1$ und $x = 3$

$f''(1) = -1 < 0$, $H(1|\frac{2}{3})$

$f''(3) = 1 > 0$, $T(3|0)$

Wendepunkt: $f''(x) = 0$ für $x = 2$

$f''(2) = 1$, RLWP $W(2|\frac{1}{3})$

c)

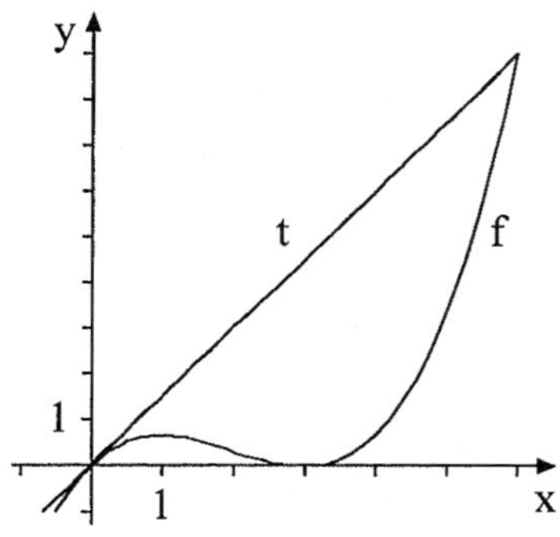

d) $t(x) = f'(0)(x-0) + 0 = 1{,}5x$

e) $A = \int_0^6 (t(x) - f(x))dx = [-\frac{1}{24}x^4 + \frac{1}{3}x^3]_0^6 = 18$

Die von f und t eingeschlossene Fläche hat den Inhalt 18 FE.

4. f) Ds maximale Gefälle befindet sich im Wendepunkt. 180
$f'(2) = -0{,}5$: Das maximale Gefälle beträgt $-0{,}5$.
Die Turmhöhe müsste oberhalb der Wendetangente befinden.

Wendetangente: $t(x) = -0{,}5(x-2) + \frac{1}{3} = -\frac{1}{2}x + \frac{4}{3}$, $t(1) = \frac{5}{6}$

Die Blickhöhe müsste mindestens $\frac{5}{6}$ LE hoch sein.

5. a) Der Durchmesser beträgt $f(4) - g(4) = 4$ dm.

b) $|PQ| = f(x) - g(x) = 6 - \frac{1}{8}x^2 = 5$, $x = \sqrt{8}$

Der Abstand zum Fassboden beträgt $4 - \sqrt{8} \approx 1{,}17$ dm.

c) $f'(x) = -\frac{1}{8}x$, $f'(\sqrt{8}) = -\frac{1}{\sqrt{8}} \approx -0{,}35$, $\alpha \approx 160{,}7°$ ist der Steigungswinkel

d) $y = 3 - \frac{1}{16}x^2$
$x = 3 - \frac{1}{16}y^2$
$y = 4 \cdot \sqrt{3-x}$, $D_{f^{-1}} = W_f$: $2 \le x \le 3$

6. a) $f_a'(x) = 2x - 2a$, $f_a''(x) = 2$ b) 183

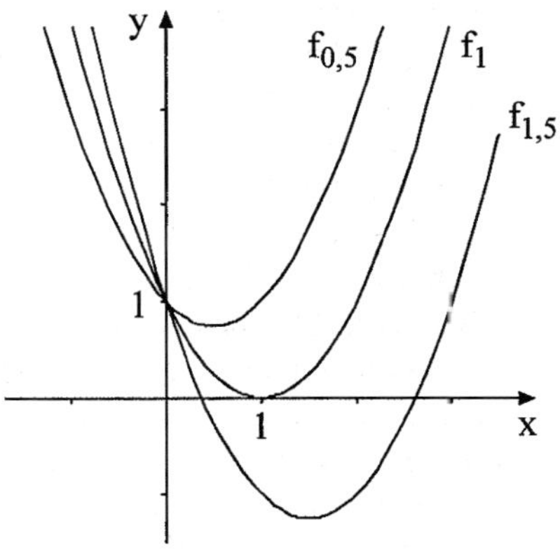

Nullstellen: $x = a \pm \sqrt{a^2 - 1}$
Extrema: $T(a \mid 1-a^2)$
Wendepunkte: keine

c) $f_a'(4) = 1 \Rightarrow 8 - 2a = 1 \Rightarrow a = 3{,}5$

d) $x = a \pm \sqrt{a^2 - 1} \Rightarrow$ genau eine Nullstelle für $a^2 - 1 = 0$ bzw. $a = 1$, keine Nullstelle für $a < 1$.

7. a) Nullstellen: 184
0, $\sqrt{a}$ und $-\sqrt{a}$
Symmetrie zum Ursprung
Extrema:

$T(\sqrt{\frac{a}{3}} \mid -\frac{2}{3}a\sqrt{\frac{a}{3}})$

$H(-\sqrt{\frac{a}{3}} \mid \frac{2}{3}a\sqrt{\frac{a}{3}})$

b) Nullstellen:
0 und $2a$
keine Symmetrie
Extrema:

$P_1(0 \mid 0)$

$a < 0$: Ma
$a = 0$: Sa
$a > 0$: Mi

$\underbrace{P_2\left(\frac{4}{3}a \mid \frac{32}{27}a^3\right)}_{a<0:\,Mi,\ a=0:\,Sa,\ a>0:\,Ma}$

c) Nullstellen:
0, $\sqrt{a}$ und $-\sqrt{a}$
Symmetrie zur y-Achse
Extrema:

$T(\sqrt{\frac{a}{2}} \mid -\frac{a^2}{4})$

$T(-\sqrt{\frac{a}{2}} \mid -\frac{a^2}{4})$

$H(0 \mid 0)$

184 7.

Wendepunkte:	Wendepunkte:	Wendepunkte:
$W(0 \mid 0)$	$W(\frac{2}{3}a \mid \frac{16}{27}a^3)$	$W(\pm\sqrt{\frac{a}{6}} \mid -\frac{5}{36}a^2)$

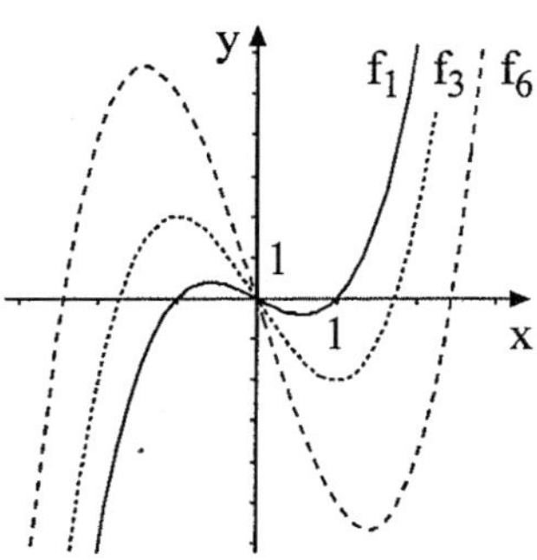

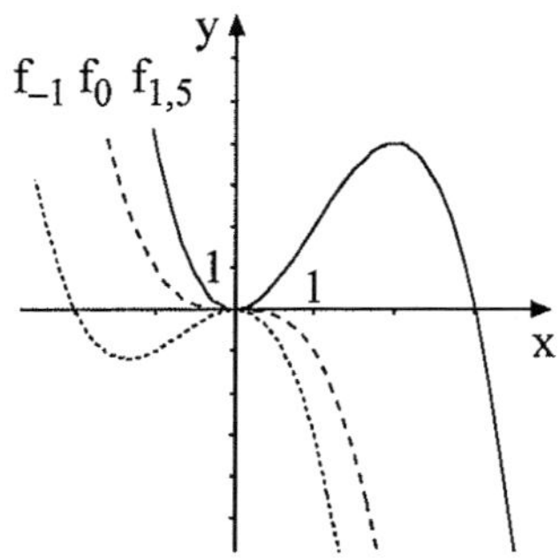

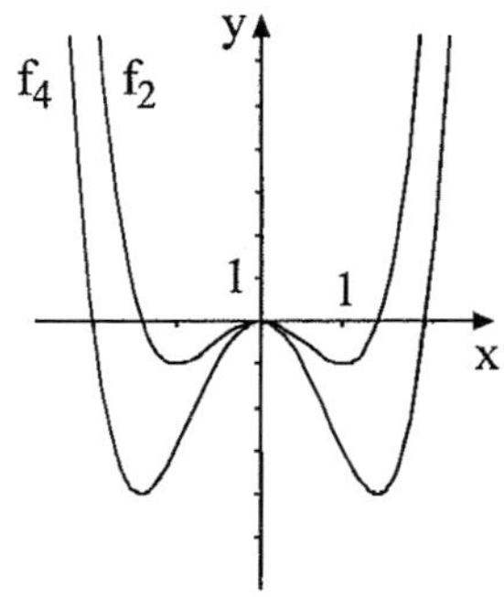

8. Es muss $a \neq 1$ gelten. Für $a = 1$ ist der Graph eine Gerade.

a) Symmetrie : Punktsymmetrie zum Ursprung

Nullstellen : $x_1 = 0$, $x_{2/3} = \pm\sqrt{\frac{3a}{a-1}}$, $a < 0, a > 1$

Ableitungen : $f'(x) = (a-1)x^2 - a$

$f''(x) = 2(a-1)x$

$f'''(x) = 2(a-1)$

Extrema : $E_1\left(\sqrt{\frac{a}{a-1}} \,\middle|\, -\frac{2}{3}a\sqrt{\frac{a}{a-1}}\right)$

$a > 1$: Mi, $a < 0$: Ma

$E_2\left(-\sqrt{\frac{a}{a-1}} \,\middle|\, \frac{2}{3}a\sqrt{\frac{a}{a-1}}\right)$

$a > 1$: Ma, $a < 0$: Mi

Wendepunkte: $W(0 \mid 0)$

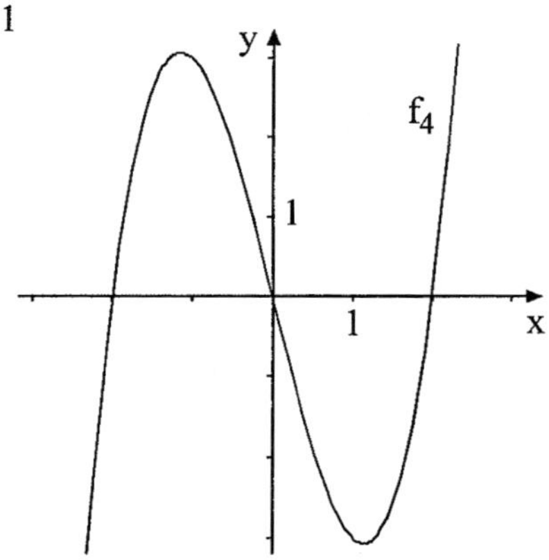

b) $a > 1$: 3 Nullstellen, $a < 0$: 3 Nullstellen
($a = 0$: 1 Nullstelle), ($a = 1$: 1 Nullstelle)

9. a) $f_a'(x) = \frac{1}{4}(4x^3 - 2ax)$, $f_a''(x) = \frac{1}{4}(12x^2 - 2a)$, $f'''(x) = 6x$

$f_a''(1) = 0 \;\Leftrightarrow\; a = 6$, $W_1\,(1 \mid -\frac{5}{4})$, $W_2\,(-1 \mid -\frac{5}{4})$

b) $x_W^2 = \frac{a}{6} \;\Rightarrow\; x_{W_{1/2}} = \pm\sqrt{\frac{a}{6}}$, $y_{W_{1/2}} = -\frac{5a^2}{144}$, $f_a'(\pm\sqrt{\frac{a}{6}}) = -\frac{a}{3}(\pm\sqrt{\frac{a}{6}}) = m_{1/2}$

Mit der Zweipunktegleichung $y = m(x - x_0) + y_0$

Tangentengleichungen: $y_1(x) = -\frac{a}{18}\sqrt{6a}\,(x - \frac{1}{6}\sqrt{6a}) - \frac{5a^2}{144} = -\frac{a}{18}\sqrt{6a}\cdot x + \frac{3a^2}{144}$

$y_2(x) = \frac{a}{18}\sqrt{6a}\,(x + \frac{1}{6}\sqrt{6a}) - \frac{5a^2}{144} = \frac{a}{18}\sqrt{6a}\cdot x + \frac{3a^2}{144}$

Knobelaufgabe 184

Der große Zeiger einer Uhr bewegt sich 12 mal schneller als der kleine Zeiger und überstreicht in 1 Stunde einen Winkel von 360°, während der kleine Zeiger nur einen Winkel von 30° in 1 Stunde überstreicht. Dreht sich der kleine Zeiger mit einem Winkel α, so überstreicht der große Zeiger in dieser Zeit einen Winkel von 12α. Da die Zeiger sich in die gleiche Richtung bewegen, beträgt das zwischen beiden Zeigern liegende Winkelmaß 11α. Wenn beide Zeiger erneut übereinander stehen sollen, muss also $11\alpha = 360°$ sein und somit $\alpha = \frac{360°}{11} = 32,\overline{72}\,°$ betragen.

Da der kleine Zeiger für $\alpha = 30°$ 1 Stunde bzw. 3600 Sekunden benötigt, werden für $\alpha = 32,\overline{72}°$ also $32,\overline{72} \cdot 120 = 3927,\overline{27}$ Sekunden bzw. 65 Minuten und $27,\overline{72}$ Sekunden benötigt.
Resultat: Es müssen also (ungefähr) 65 Minuten und 27,3 Sekunden verstreichen, bis die Zeiger erneut übereinander stehen.

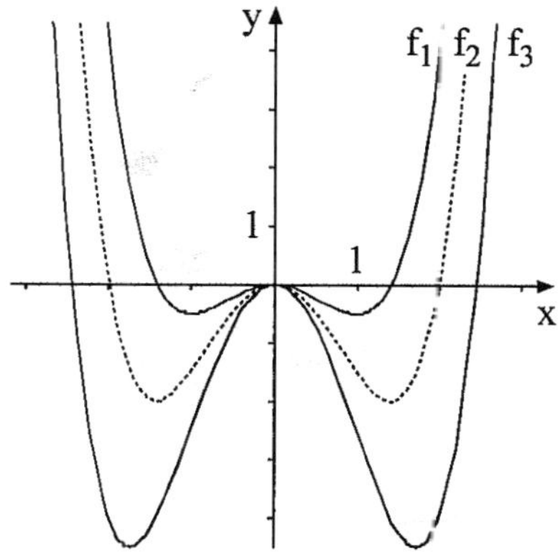

10. a) Symmetrie : zur y-Achse 185

Nullstellen: 0, $-\sqrt{2a}$ und $\sqrt{2a}$

Extrema :

$H(0\,|\,0)$, $T(-\sqrt{a}\,|\,-\frac{a^2}{2})$, $T(\sqrt{a}\,|\,-\frac{a^2}{2})$

Wendepunkte:

$W(\sqrt{\frac{a}{3}}\,|\,\frac{-5a^2}{18})$, $W(-\sqrt{\frac{a}{3}}\,|\,\frac{-5a^2}{18})$

b) $y_T(x) = -\frac{1}{2}x^4$, $y_W(x) = -\frac{5}{2}x^4$

11. a) $f_{-0,25}(x) = -0,5x^3 + 3x$ 186

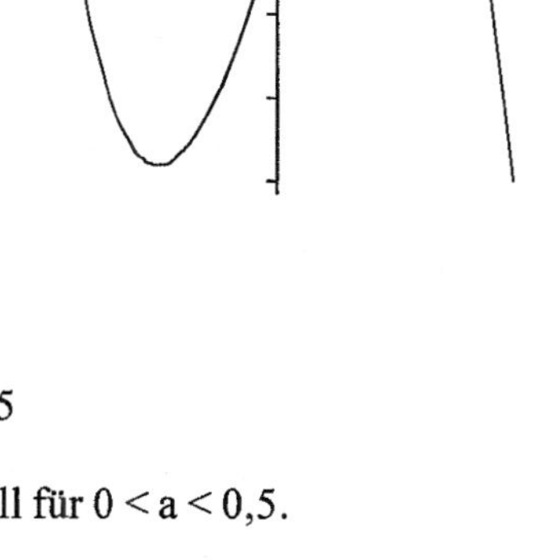

Nullstellen: $x = 0$ und $x = \pm\sqrt{6}$

$f'_{-0,25}(x) = -1,5x^2 + 3$, $f''_{-0,25}(x) = -3x$, $f'''_{-0,25}(x) = -3$

Extrema: $f'_{-0,25}(x) = 0$ für $x = \pm\sqrt{2}$

$f'_{-0,25}(-\sqrt{2}) > 0 \Rightarrow T(-\sqrt{2}\,|\,-2\sqrt{2}) \approx (-1,41\,|\,-2,83)$

$f'_{-0,25}(\sqrt{2}) < 0 \Rightarrow H(\sqrt{2}\,|\,2\sqrt{2}) \approx (1,41\,|\,2,83)$

Wendepunkte: $f''_{-0,25}(x) = 0$ für $x = 0$

$f'''_{-0,25}(0) < 0 \Rightarrow$ LRWP $W(0|0)$

b) $H(\sqrt{2}\,|\,2\sqrt{2})$

$f_a(\sqrt{2}) = 4a\sqrt{2} + 2\sqrt{2} - 4a\sqrt{2} = 2\sqrt{2}$

c) $f_a'(x) = 6ax^2 + 2 - 4a$, $f_a'(\sqrt{2}) = 8a + 2 = 6$ gilt für $a = 0,5$

d) $f_a'(x)$ hat keine Nullstellen für $\frac{4a-2}{6a} < 0$. Dies ist der Fall für $0 < a < 0,5$.

e) Die Wendenormale hat die Steigung $m = -\frac{1}{f_a'(0)} = \frac{1}{4a-2} = \frac{1}{2}$, dies gilt für $a = 1$.

186 12. a) Nullstellen: $(\frac{1}{12a}x^3 - x + 3a)x = 0$, $x^2 - 12ax + 36a^2 = 0$

gilt für $x = 0$ und $x = 6a$ (doppelte)

$f_a'(x) = \frac{1}{4a}x^2 - 2x + 3a$, $f_a''(x) = \frac{1}{2a}x - 2$, $f_a'''(x) = \frac{1}{2a}$

$f_a'(x) = 0$ gilt für $x = 2a$ und $x = 6a$

$f_a''(2a) = -1 < 0$, $H(2a|\frac{8}{3}a)$, $f_a''(6a) = 1 > 0$, $T(6a|0)$

b) Für den Inhalt des Dreiecks gilt:

$A(z) = z \cdot f(z) = \frac{1}{12}z^4 - z^3 + 3z^2$, $A'(z) = \frac{1}{3}z^3 - 3z^2 + 6z$

$A'(z) = 0$: $\frac{1}{3}z(z^2 - 9z + 18) = 0$ gilt für $z = 0$, $z = 3$ und $z = 6$

$A''(z) = z^2 - 6z + 6$, $A''(3) = -3 < 0$ also Maximum bei $z = 3$

c) Ansatz: $t(x) = f'(4a)(x-4a) + f(4a) = -ax + \frac{16}{3}a^2$

Achsenschnittpunkte: $y = \frac{16}{3}a^2$, $x = \frac{16}{3}a$

Inhalt des Dreiecks: $A = \frac{x \cdot y}{2} = \frac{128}{9}a^3 = 384$ gilt für $a = 3$

d) $A = \int_0^{6a} f_a(x)dx = [\frac{1}{48a}x^4 - \frac{1}{3}x^3 + \frac{3a}{2}x^2]_0^{6a} = 9a^3$

13. a) $f_a'(x) = 3x^2 + (6-6a)x - 12a$, $f_a''(x) = 6x + 6 - 6a$

$f_a'(x) = 0$ für $x = -2$ und $x = 2a$

$f_a''(-2) = -6 - 6a < 0$ also Hochpunkt mit $f_a(-2) = -8 + 12 + 12a = 4 + 12a$

b) $f_a''(x) = 0$ für $x = a-1$, $f_a'''(x) = 6 \neq 0$ also Wendepunkt

mit $f_a(a-1) = -2(a-1)^3 - 12a^2 + 12a = -2a^3 - 6a^2 + 6a + 2$

c) Ansatz: $t(x) = f_a'(a-1)(x-a+1) - 2a^3 - 6a^2 + 6a + 2$

$f_a'(a-1) = -3a^2 - 6a - 3$

$t(x) = (-3a^2 - 6a - 3)(x-a+1) - 2a^3 - 6a^2 + 6a + 2 = (-3a^2 - 6a - 3)x - 4a^3 - 3a^2 + 3a - 1$

d) $f_a'(a-1) = -3a^2 - 6a - 3 = 0$: $a^2 + 2a + 1 = 0$ gilt für $a = -1$

Also Sattelpunkt $S(-2|-8)$

e) f_1 ist symmetrisch zum Ursprung. Es handelt sich um 2 gleich große Flächenstücke.

$\int_0^{\sqrt{2}} f_1(x)dx = [\frac{1}{4}x^4 - 6x^2]_0^{\sqrt{2}} = -36$

Der Flächeninhalt beträgt 72 FE.

2. Exponentialfunktionen

1. a) $x_0 = 0$ 188

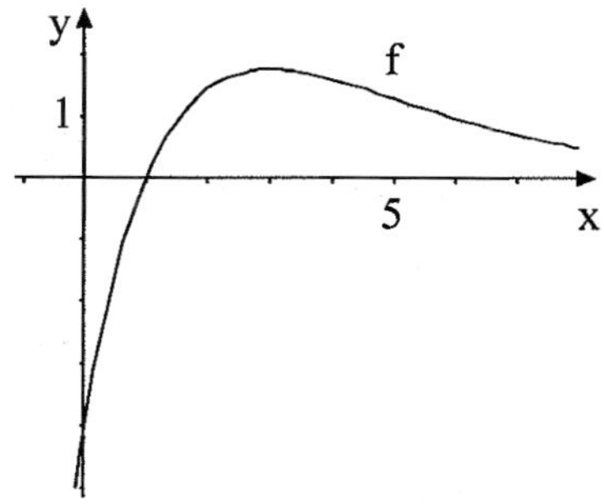

b) $f'(x) = 4(-\frac{1}{2}x + 1,5)e^{-0,5x} = -2(x-3)e^{-0,5x}$

$f''(x) = (x-5)e^{-0,5x}$

$f'(x) = 0: \quad x = 3, \quad f''(3) = -2e^{-1,5} < 0 \quad H(3 \mid 1,79)$

Nach 3 Stunden ist der Blutalkoholgehalt mit ca. 1,79 Promille am größten.

c) $F'(x) = -8(-0,5x+0,5)e^{-0,5x} = 4(x-1)e^{-0,5x} = f(x)$

d) $A(x) = 4(x^2-x)e^{-0,5x}$, $A'(x) = 4(-0,5x^2+2,5x-1)e^{-0,5x}$

$A'(x) = 0$: $x^2 - 5x + 2 = 0$, $x = 4,56$ (0,44)

Eckpunkt $P(4,56|1,46)$

2. a) $f'(x) = e - e^{-x}$, $f''(x) = e^{-x}$, $f'''(x) = -e^{-x}$

Extrema: $f'(x) = 0$: $x = -1$, $f''(-1) = e > 0$, $T(-1|0)$

Wendepunkte: keine

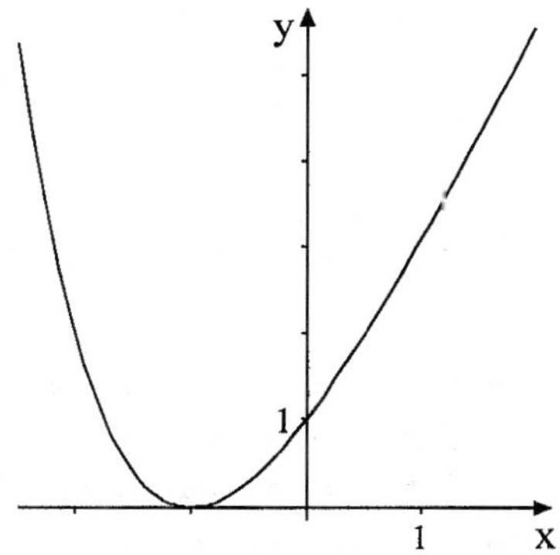

b) Wegen $\lim_{x \to \infty} e^{-x} = 0$ ist y =ex Asymptote von f(x).

c) $g'(x) = 2ax + b$

I. $f(0) = g(0)$: $\quad 1 = c$

II. $f(-1) = g(-1)$: $0 = a - b + 1 \quad , \quad 0 = -a + 1, \ a = 1$

III. $f'(-1) = g'(-1)$:

$0 = -2a + b, \ b = 2, \ g(x) = x^2 + 2x + 1$

d) $A_f = \int_{-1}^{0} f(x)dx = [\frac{1}{2}ex^2 - e^{-x}]_{-1}^{0} = -1 - \frac{1}{2}e + e \approx 0,359$

$A_g = \int_{-1}^{0} g(x)dx = [\frac{1}{3}x^3 + x^2 + x]_{-1}^{0} = \frac{1}{3} - 1 + 1 = \frac{1}{3} \approx 0,333$

A_g ist um ca. 7,2% kleiner als A_f.

3. a) $f_a'(x) = 0,5 - ae^{-x}$, $f_a''(x) = ae^{-x}$, $f_a'''(x) = -ae^{-x}$ 190

$a > 0$: Extrema: $x = \ln(2a)$, $f_a''(\ln(2a)) = 0,5 > 0$

$a < 0$: keine Extrema

$T(\ln(2a)|0,5\ln(2a)+0,5)$

Wendepunkte: keine

c)

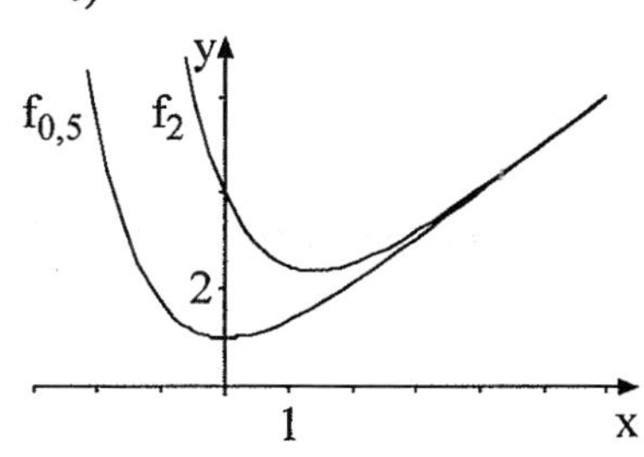

d) Im Punkt $P(0|a)$

e) $t_a(x) = mx + n$, $m = f_a'(0) = 0,5 - a$

$t_a(x) = (0,5-a)x + n$

$P(0|a)$: $a = n$, $t_a(x) = (0,5-a)x + a$

$t_a(x) = t_b(x)$: $(0,5-a)x + a = (0,5-b)x + b$, $x(b-a) = b-a$, $x = 1$, $y = 0,5$

gemeinsamer Punkt $Q(1|0,5)$

190 4. a) $x_0 = 0$

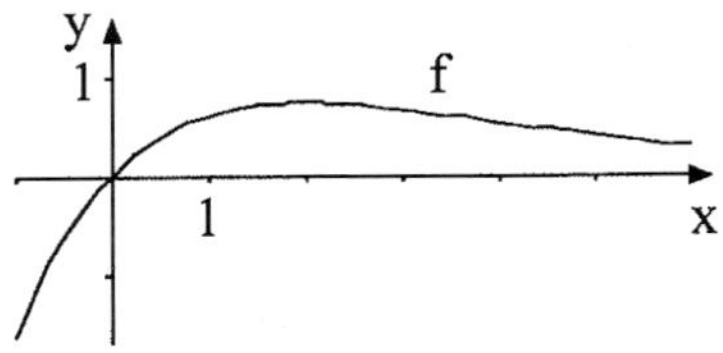

$f'(x) = (-0{,}5x+1)e^{-0{,}5x}$, $f''(x) = (0{,}25x-1)e^{-0{,}5x}$

$f'''(x) = (-\frac{1}{8}x + \frac{3}{4})e^{-0{,}5x}$

Extrema: $f'(x) = 0$: $x = 2$

$f''(2) = -0{,}5e^{-1} < 0$, $H(2|2e^{-1})$

Wendepunkte: $f''(x) = 0$: $x = 4$

$f'''(4) = \frac{1}{4}e^{-2} \neq 0$, $W(4\,|\,4e^{-2}) \approx W(4\,|\,0{,}54)$, $\lim\limits_{x\to\infty} f(x) = 0$, $\lim\limits_{x\to-\infty} f(x) = -\infty$

b) $F'(x) = (-2+x+2)e^{-0{,}5x} = xe^{-0{,}5x} = f(x)$

c) $A = \int_0^7 f(x)dx = [-(2x+4)e^{-0{,}5x}]_0^7 = -18e^{-3{,}5} + 4 \approx 3{,}46$

d) $T(x) = 4xe^{-0{,}5x} + 36{,}6$, $G(x) = -4(2x+4)e^{-0{,}5x} + 36{,}6x$

$\overline{G} = \frac{G(7)-G(0)}{7} = \frac{-72e^{-3{,}5}+256{,}2+16}{7} \approx 38{,}58°$

Ende Tag 10: $T(10) \approx 36{,}87°$

Der Volksmund hat hier Recht.

191 5. b) $e^{0{,}5x-1} = e^{0{,}25-0{,}75x}$

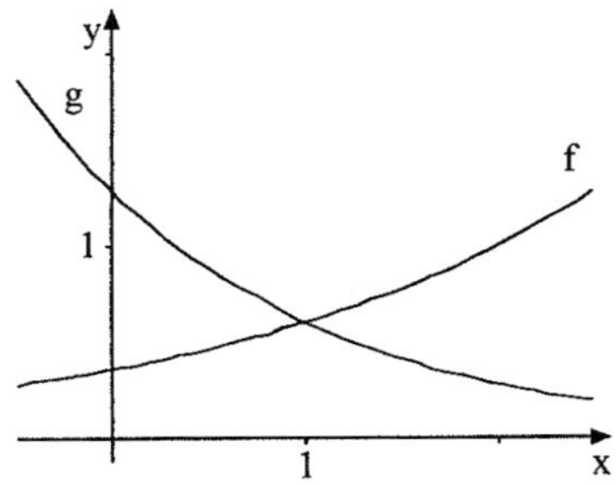

$0{,}5x - 1 = 0{,}25 - 0{,}75x$, $x = 1$

$S(1|e^{-0{,}5}) = S(1|0{,}61)$

c) $x = 1$ liegt in der Mitte:

linker Rand bei $x = -0{,}5$, rechter Rand bei $x = 2{,}5$

$g(-0{,}5) \approx 1{,}87$, $g(2{,}5) \approx 0{,}20$, $f(-0{,}5) \approx 0{,}29$

Höhe: 1,67m

$$A = 3 \cdot 1{,}67 - \int_{-0{,}5}^{1}(g(x) - f(x))dx - \int_1^{2{,}5}(f(x) - g(x))dx$$

$$= 5{,}01 - [-\tfrac{4}{3}e^{0{,}25-0{,}75x} - 2e^{0{,}5x-1}]_{-0{,}5}^{1} - [2e^{0{,}5x-1} + \tfrac{4}{3}e^{0{,}25-0{,}75x}]_1^{2{,}5}$$

$$\approx 5{,}01 - 1{,}04 - 0{,}81 = 3{,}16$$

6. a) $x_0 = 3$

$f'(x) = (2-x)e^x$, $f''(x) = (1-x)e^x$, $f'''(x) = -xe^x$

Extrema: $f'(x) = 0$: $x = 2$, $f''(2) = -e^2 < 0$, $H(2|e^2)$

Wendepunkte: $f''(x) = 0$: $x = 1$, $f'''(1) = -e \neq 0$, $W(1|2e)$

b) $A(x) = 0{,}5xf(x) = 0{,}5(3x-x^2)e^x$, $A'(x) = 0{,}5(x-x^2+3)e^x$

$x^2 - x - 3 = 0$, $x = \frac{1}{2} + \sqrt{3{,}25} \approx 2{,}3$, $P(2{,}3|6{,}98)$

c) $F(x) = (4-x)e^x$

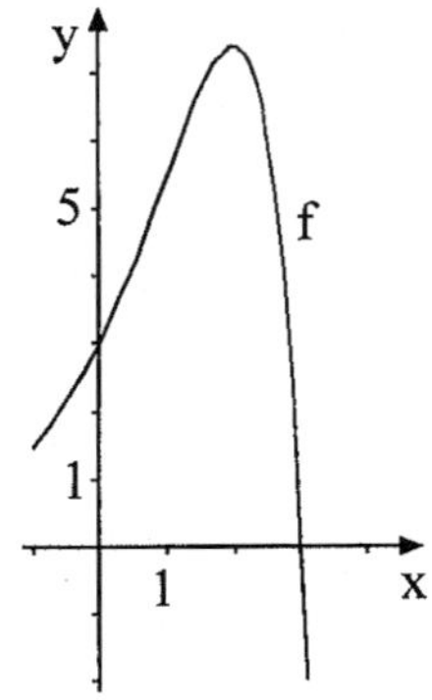

d) $A_1 = \int_0^3 f(x)dx = [(4-x)e^x]_0^3 = e^3 - 4 \approx 16{,}09$

$A_2 \approx \frac{1}{2} \cdot 3 \cdot 3 = 4{,}5$, $\frac{16{,}09-4{,}5}{16{,}09} \approx 0{,}72 = 72\%$

7. a) $f(2+x) = e^{2(2+x)-0,5(2+x)^2} = e^{-0,5x^2+2}$, $f(2-x) = e^{2(2-x)-0,5(2-x)^2} = e^{-0,5x^2+2}$ 191

f ist achsensymmetrisch zu $x = 2$.

b) Maximum von g: $g'(x) = 2 - x$: $g'(x) = 0$: $x = 2$

Mit g(x) ist auch f(x) streng monoton steigend (fallend).

Damit hat f an der gleichen Stelle wir g ein Maximum.

c) $h(x) = 10^6 \cdot e^{2x-0,5x^2}$, $h(0) = 10^6$

$\frac{\Delta h}{\Delta t} = \frac{h(2)-h(0)}{2} = \frac{(7,39-1)\cdot 10^6}{2} \approx 3,2 \frac{10^6}{\text{Woche}} \approx 0,46 \frac{10^6}{\text{Tag}}$

8. a) $f'(x) = (2x+2)e^x$, $f''(x) = (2x+4)e^x$ b) 192

$f'''(x) = (2x+6)e^x$

Extrema:

$f'(x) = 0$: $x = -1$, $f''(-1) = 2e^{-1} > 0$, $T(-1|-2e^{-1}+3)$

Wendepunkte:

$f''(x) = 0$: $x = -2$, $f'''(-2) = 2e^{-2} \neq 0$, $W(-2|-4e^{-2}+3)$

$\lim\limits_{x\to-\infty} f(x) = 3$, $\lim\limits_{x\to\infty} f(x) = \infty$

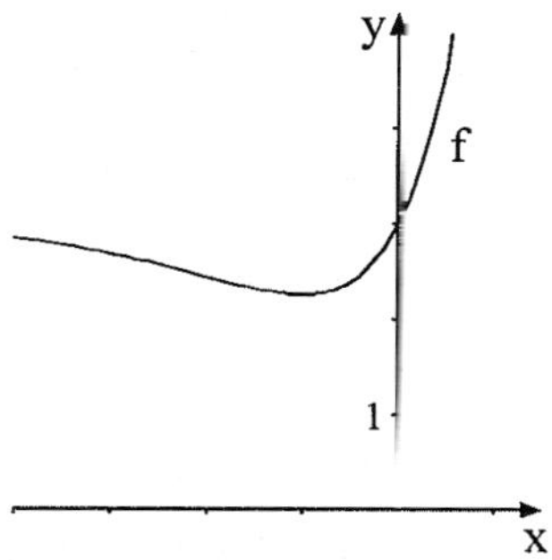

c) $F'(x) = 2xe^x + 3 = f(x)$, $A = \int_0^1 f(x)dx = [2(x-1)e^x + 3x]_0^1 = 5$

d) Die Ursprungsgerade $y = 5x$ schneidet aus A eine Dreiecksfläche heraus.

Für den Inhalt dieses Dreiecks gilt: $A_D = \frac{g \cdot h}{2} = \frac{1 \cdot 5}{2} = 2,5$.

Das ist genau die Hälfte des Inhalts von A.

e) $f'(0) = 2$, $\alpha \approx 63,4°$

9. a) $0 = 6 - \frac{3}{e^x+1}$, $3 = 6(e^x+1)$, $-\frac{1}{2} = e^x$, keine Nullstellen

$x = 0$: $f(0) = 4,5$, $Y(0|4,5)$

$\lim\limits_{x\to-\infty} (6 - \frac{3}{e^x+1}) = 3$, $\lim\limits_{x\to\infty} (6 - \frac{3}{e^x+1}) = 6$

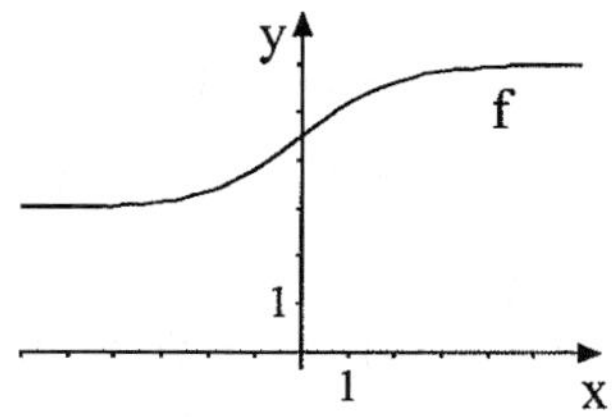

b) $f(x) = 6 - \frac{3}{e^x+1} = \frac{6(e^x+1)-3}{e^x+1} = \frac{6e^x+3}{e^x+1} = \frac{3e^x+3+3e^x}{e^x+1} = 3 + \frac{3e^x}{e^x+1}$

c) $D_g = \mathbb{R}$, $\lim\limits_{x\to-\infty} \ln(e^x+1) = 0$

$g'(x) = \frac{e^x}{e^x+1} = \frac{1}{1+\frac{1}{e^x}}$ mit $0 < \frac{1}{1+\frac{1}{e^x}} < 1$ für $-\infty < x < \infty$

d) Aus b) und c) kann man folgern, dass $F(x) = 3x+3\ln(e^x+1)$ eine Stammfunktion von f ist.

Probe: $F'(x) = 3 + \frac{3e^x}{e^x+1} = f(x)$

$A = 30 - (F(5) - F(0)) = 30 - (15+3\ln(e^5+1) - 3\ln 2) \approx 30 - 27,94 = 2,06$

192 10. a) Nullstellen: keine

$f'(x) = (-2x^2 + 4x - 2) \cdot e^{-x}$

$f''(x) = (2x^2 - 8x + 6) \cdot e^{-x}$

$f'''(x) = (-2x^2 + 12x - 14) \cdot e^{-x}$

Extrema: $f'(x) = 0$: $x = 1$

$f''(1) = 0$, $f'''(1) = -4e^{-1}$, $S(1|4e^{-1})$, d.h. keine Extrema

Wendepunkte: $f''(x) = 0$: $x = 1$ (s.o.), $x = 3$, $f'''(3) = 4e^{-3} \neq 0$, $W(3|20e^{-3}) \approx W(3|1)$

b)

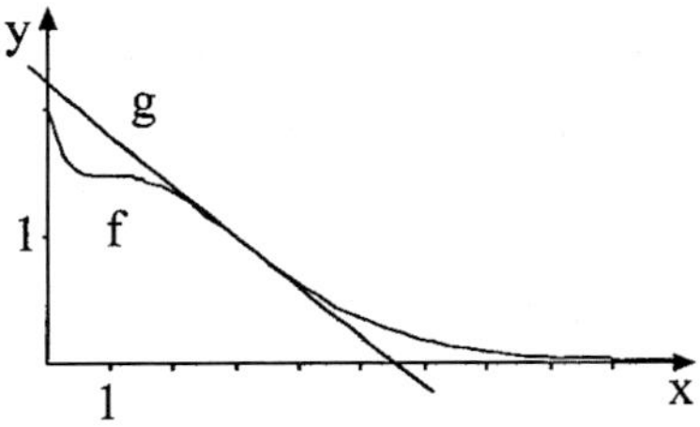

c) $F'(x) = -2(2x+2-x^2-2x-3)e^{-x} = (2x^2+2)e^{-x} = f(x)$

$A = \int_0^{10} f(x)dx = F(10) - F(0) = -246e^{-10} + 6 \approx 5{,}99$

d) Ansatz: $g(x) = mx + n$, $m = f'(3) = -\frac{8}{e^3} \approx -0{,}4$

$W(3|20e^{-3})$: $1 = -0{,}4 \cdot 3 + n$, $n = 2{,}2$, Resultat: $g(x) = -0{,}4x + 2{,}2$

e) Achsenabschnitte von g: $X(5{,}5|0)$, $Y(0|2{,}2)$

Flächeninhalt des Dreiecks zwischen g und den Achsen: $B = \frac{g \cdot h}{2} = \frac{5{,}5 \cdot 2{,}2}{2} \approx 6{,}05$

Der Inhalt der Fläche zwischen g und f über $[0;3]$ ist etwa so groß wie der Inhalt der Fläche zwischen f und g und der x-Achse über $[3;10]$.

f) Im Wendepunkt oder bei $x = 0$. Ein direkter Vergleich liefert:

$f'(0) = -2$, $f'(3) = -0{,}4$ (s. Teil d), damit liegt die steilste Stelle am linken Rand $x = 0$.

193 11. a) $Y(0|4)$ und $X(2|0)$

$x \to \infty: \ f \to -\infty, \quad x \to -\infty: \ f \to \infty$

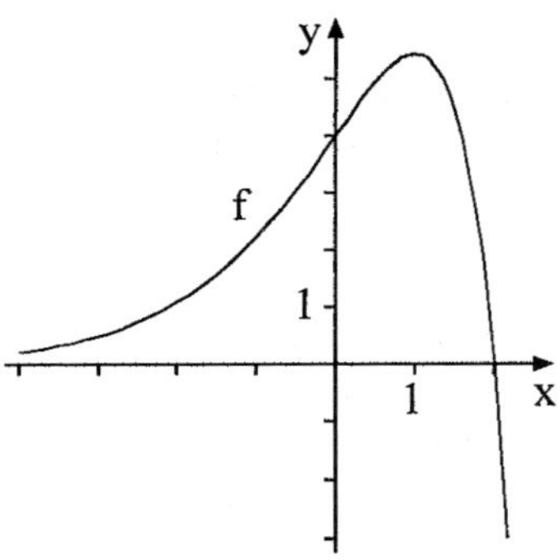

b) $f'(x) = (2-2x)e^x$, $f''(x) = -2xe^x$

Extrema: $f'(x) = 0$ für $x = 1$

$f''(1) < 0$, $H(1|2e)$

Wendepunkt: $f''(x) = 0$ für $x = 0$, $W(0|4)$

c) $F'(x) = (c-2-2x)e^x$, $c-2 = 4$, $c = 6$

$A = \int_0^2 f(x)dx = [(6-2x)e^x]_0^2 = 2e^2 - 6 \approx 8{,}78$

d) $f_a'(x) = (4-a-ax)e^x$, $f_a'(-1) = 4e^{-1}$ konstant für alle a, d.h. die Tangenten verlaufen parallel.

e) $A(x) = xf(x) = (4x-2x^2)e^x$, $A'(x) = (4-2x^2)e^x$, $A'(x) = 0$ für $x = -\sqrt{2}$ $(\sqrt{2})$

$A(-\sqrt{2}) = (-4\sqrt{2} - 4)e^{-\sqrt{2}} \approx -2{,}35$

Die maximal mögliche Grundfläche der Halle beträgt 2,35 ha.

f) Grundstücksgröße: $A = \int_{-4}^{0} f(x)dx = [(6-2x)e^x]_{-4}^{0} = 6 - 14e^{-4} \approx 5{,}74$ ha

60% der Grundstücksgröße sind 3,44 ha.

Das Kriterium wird eingehalten.

93 12. a) Für $x \to 0+$ geht $f \to \infty$,
für $x \to 0-$ geht $f \to -\infty$,
d.h. die y–Achse wird nicht geschnitten.
Der Ansatz $f(x) = 0$ hat keine Lösung,
d.h. die x–Achse wird nicht geschnitten.

b) $f'(x) = -2\frac{x+1}{x^2}e^{-x+1}$, $f'(x) = 0$ für $x = -1$, $P(-1|-2e^2)$

c)

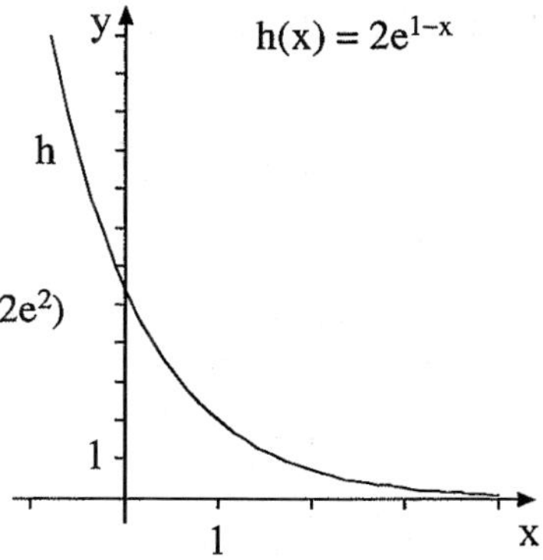

d) $U(u) = 2u + 4e^{-u+1}$, $U'(u) = 2 - 4e^{-u+1}$
$U'(u) = 0$ für $u = 1 - \ln 0{,}5 \approx 1{,}69$

e) $d(x) = 2e^{1-x} - \frac{2}{x}e^{1-x}$, $d'(x) = (-2 + \frac{2}{x^2} + \frac{2}{x})e^{1-x}$

$d'(x) = 0$: $x^2 - x - 1 = 0$, $x = \frac{1}{2} \pm \sqrt{\frac{5}{4}} \approx -0{,}62$

$Q(-0{,}62|10{,}11)$

f) $f'(x) = h'(x)$: $-2\frac{x+1}{x^2}e^{-x+1} = -2e^{-x+1}$, $x^2 - x - 1 = 0$, $x \approx -0{,}62$
Bei $x = -0{,}62$ verlaufen Straße und Küste parallel.
Das ist die Stelle mit dem kleinsten vertikalen Abstand.
Schnittwinkel der Tangenten mit der x–Achse:
Die Tangenten haben die Steigung $f'(-0{,}62) \approx -10{,}11$, d.h. der Steigungswinkel beträgt ca. 95,7°. Dann beträgt der Schnittwinkel ca. 84,3°

13. a) $x \to \infty$: $f \to 0$, $x \to -\infty$: $f \to -\infty$
Nullstelle: $x = 0$, $f'(x) = (1-x)e^{2-x}$, $f''(x) = (x-2)e^{2-x}$, $f'''(x) = (3-x)e^{2-x}$
94 Extrema: $f'(x) = 0$ für $x = 1$, $f''(1) < 0$, $H(1|e)$
Wendepunkt: $f''(x) = 0$ für $x = 2$, $f'''(2) > 0$, RL–WP $W(2|2)$
Wendetangente: $t(x) = -x + 4$

b) $F'(x) = xe^{2-x} = f(x)$, $A = \int_0^4 f(x)dx = [-(x+1)e^{2-x}]_0^4 = -5e^2 + e^2 \approx 6{,}71$FE

c) $A(u) = u2e^{2-u}$, $A'(u) = (2u-u2)e^{2-u}$, $A''(u) = (u2-4u+2)e^{2-u}$
$A'(u) = 0$ für $u = 0$ und $u = 2$, $A''(2) = -2 < 0$ Maxmum

d) $d(x) = f(x) - F(x) = (2x+1)e^{2-x}$, $d'(x) = (1-2x)e^{2-x}$, $d''(x) = (2x-3)e^{2-x}$
$d'(x) = 0$ für $x = 0{,}5$, $d''(0{,}5) < 0$ also Maximum

14. a) $Y(0|1)$ und $X(-0{,}5|0)$, $f'(x) = (x+2{,}5)e^{0{,}5x}$, $f''(x) = (0{,}5x+2{,}25)e^{0{,}5x}$
Extrema: $f'(x) = 0$ für $x = -2{,}5$, $f'(-2{,}5) > 0$ also $T(-2{,}5|-1{,}15)$
Wendepunkte: $f''(x) = 0$ für $x = -4{,}5$ $W(-4{,}5|-0{,}84)$

b) $t(x) = 2{,}5x + 1$
$d(x) = 5e^{0{,}5x} < 0{,}1$, $e^{0{,}5x} < 0{,}02$ gilt für $x < 2\ln 0{,}02 = -7{,}82$

c) $A = \int_{-2}^{0} 5e^{0{,}5x}dx = [10e^{0{,}5x}]_{-2}^{0} = 10 - 10e^{-1} \approx 6{,}32$FE

d) $k(x) = (2x+1)e0{,}5(x+2{,}5)$ entsteht aus g durch eine +2,5–Verschiebung.

e) $A(x) = (2x^2-4x)e^{0{,}5x}$, $A'(x) = (x^2+2x)e^{0{,}5x}$, $A'(x) = 0$ für $x = -2$: Länge 200m, Breite: 294m

f) $G'(x) = 4e^{0{,}5x} + 2(x-4)e^{0{,}5x} = (2x-4)e^{0{,}5x} = g(x)$

$\int_{-4}^{0} g(x)dx = [4(x-4)e^{0{,}5x}]_{-4}^{0} \approx -11{,}67$, Flächeninhalt: 11,67 ha = 116700 m^2

3. Einfache gebrochen-rationale Funktionen

196 1. a) Nullstellen: $x_1 = -2$, $x_2 = 2$, Asymptote: $A(x) = x$

b) $f(x) = g(x)$ liefert $7x - x^2 + 4 = 0$ mit $x_1 = -0{,}5$, $x_2 = 4$

$S_1(-0{,}5|7{,}5)$, $S_2(4|3)$

c) $A = A_1 + A_2$

$$A_1 = \int_0^2 g(x)dx = 12$$

$$A_2 = \int_2^4 (g(x) - f(x))dx = 2 + 4\ln 2 \approx 14{,}77$$

$A = 167700 m^2$

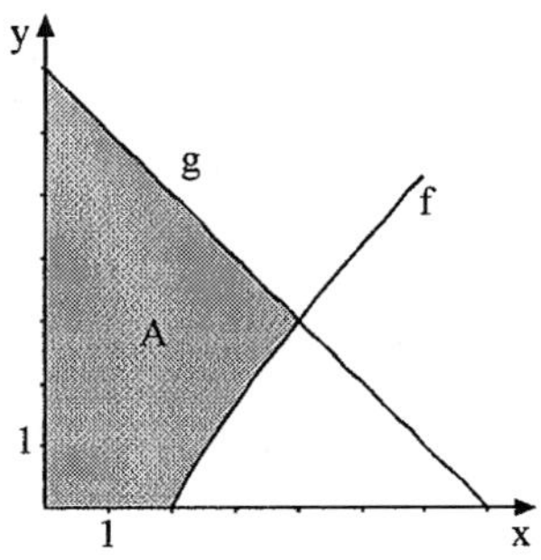

d) Zu zeigen ist, dass $f'(x) \neq -1$ gilt.

Der Ansatz $-1 = 1 + \frac{4}{x^2}$, $x^2 = -2$ liefert einen Widerspruch.

197 2. a) D_{f_a} : $x \in \mathbb{R}$, $x \neq 3$

$x \to 3+0$: $f \to \infty$, $x \to 3-0$: $f \to -\infty$

Für große x-Werte gilt $f \approx -10$.

b) Nullstelle: $x = 4a + 3$

c) Ansatz: $t_a(x) = f_a'(4a+3)(x-4a-3)$

mit $f_a'(x) = \frac{-0{,}025a}{(0{,}025x - 0{,}075)^2}$, $f_a'(4a+3) = -\frac{2{,}5}{a}$

folgt $t_a(x) = -\frac{2{,}5}{a}x + 10 + \frac{7{,}5}{a}$

d) Basisdurchmesser: $d_u = 2(4a+3) = 14$ für $a = 1$, also 140 m

Mündungsdurchmesser: $f_1(x) = 20$: $\frac{1}{0{,}025x - 0{,}075} - 10 = 20$, $x \approx 4{,}33$

$d_o \approx 2 \cdot 4{,}33 = 8{,}66$, also ca. 86,6m

e) Steigungswinkel am Boden: $f_1'(7) \approx -2{,}49 \Rightarrow \alpha \approx 111{,}9°$

Steigungswinkel oben: $f_1'(4{,}33) \approx -22{,}61 \Rightarrow \beta \approx 92{,}5°$

f) Achsenschnittpunkte: $Y(0|10 + \frac{7{,}5}{a})$, $X(4a+3|0)$

Flächeninhalt des Dreiecks: $A(a) = \frac{1}{2}(10 + \frac{7{,}5}{a})(4a + 3) = 20a + 30 + \frac{22{,}5}{2a}$

$A'(a) = 20 - \frac{22{,}5}{2a^2}$, $A'(a) = 0$ für $a = \sqrt{\frac{22{,}5}{40}} = 0{,}75$

Extremum für $a = 0{,}75$. Wegen $A''(0{,}75) = \frac{22{,}5}{0{,}75^3} > 0$ handelt es sich um ein Minimum.

2. g) Umkehrfunktion von f: 197

$f_1(x) = \frac{40}{x+10} + 3$

Die um 22cm also um 0,022 in -y-Richtung verschobene Funktion:

$f_2(x) = \frac{40}{x+10} + 2,978$

Die benötigte Betonmenge ergibt sich nun als Differenz der Rotationsvolumina beider Funktionen:

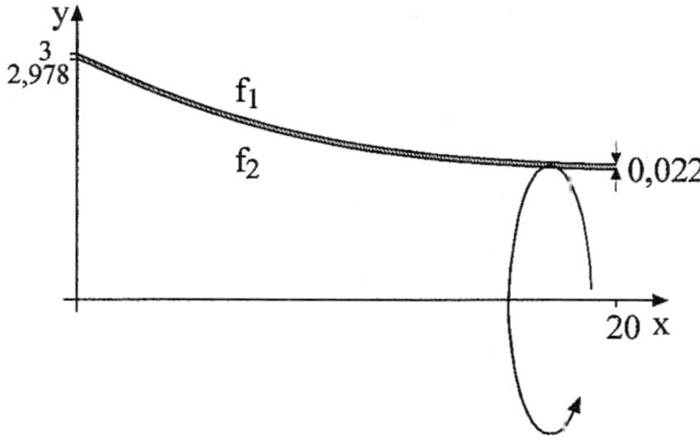

$$V = \pi \int_0^{20} ((f_1(x))^2 - (f_2(x))^2)dx = \pi \int_0^{20} ((\tfrac{40}{x+10} + 3)^2 - (\tfrac{40}{x+10} + 2,978)^2)dx$$

$$= \pi \int_0^{20} (\tfrac{1,76}{x+10} + 0,131516)dx = [1,76 \ln(x+10) + 0,131516x]_0^{20} \approx 14,3378$$

Wegen 1 LE = 10m entspricht 1 VE = 1000 m^3.
Resultat: Benötigte Betonmenge ca. 14338 m^3

3. a) Nullstellen: $x_1 = 1$, $x_2 = 5$

$\lim\limits_{x \to 0+} f(x) = \infty$, $\lim\limits_{x \to 0-} f(x) = \infty$

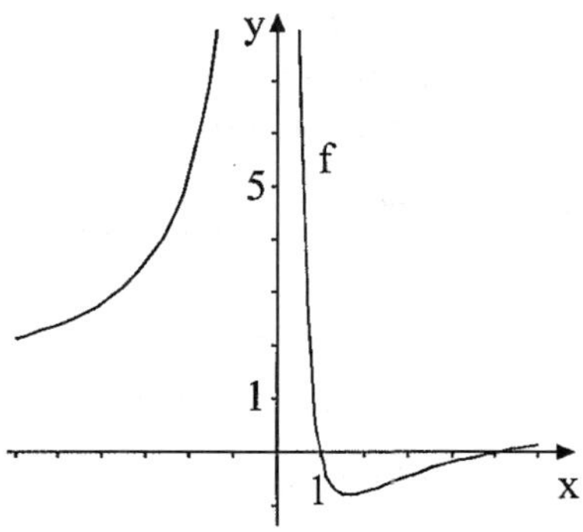

b) $f'(x) = \frac{6}{x^2} - \frac{10}{x^3}$, $f''(x) = -\frac{12}{x^3} + \frac{30}{x^4}$, $f'''(x) = \frac{36}{x^4} - \frac{120}{x^5}$

Extrema:

$f'(x)=0$: $x = \frac{5}{3}$, $f''(\frac{5}{3}) = 1,296 > 0$ $T(\frac{5}{3} \mid -0,8)$

Wendepunkte: $f''(x) = 0$: $x = 2,5$

$f'''(2,5) \approx -0,3 \neq 0$ $W(2,5 \mid -0,6)$

Asymptote von f: $A(x) = 1$

c) $A = \left| \int_1^5 f(x)dx \right| = \left| [x - 6\ln x - \frac{5}{x}]_1^5 \right| \approx 1,66$

d) I. $g_a(x) = f(x)$: $\frac{a}{x^2} = \frac{x^2-6x+5}{x^2}$, $0 = x^2 - 9x$, $x = 3$

II. $g_a'(x) = f'(x)$: $-\frac{2a}{x^3} = \frac{6x-10}{x^3}$, $a = 5 - 3x$, $a = -4$

$g_{-4}(x) = \frac{-4}{x^2}$ berührt f in $P(3 \mid -\frac{4}{9}) \approx (3 \mid -0,44)$.

4. a) Nullstellen: $x_1 = 0$, $x_2 = 3$, $D_f = \mathbb{R} / \{-1\}$, Pol bei $x = -1$

$\lim\limits_{x \to -1-} f(x) = -\infty$, $\lim\limits_{x \to -1+} f(x) = \infty$

b) $(x^2 - 3x) : (x+1) = x - 4 + \frac{4}{x+1}$, $A(x) = x - 4$

197 4. c) $f'(x)=\frac{x^2+2x-3}{(x+1)^2}$, $f''(x)=\frac{8}{(x+1)^3}$

$f'(x)=0: x_1=1,\quad x_2=-3$

$f''(1)=1>0,\quad T(1|-1)$

$f''(-3)=-1<0,\quad H(-3|-9)$

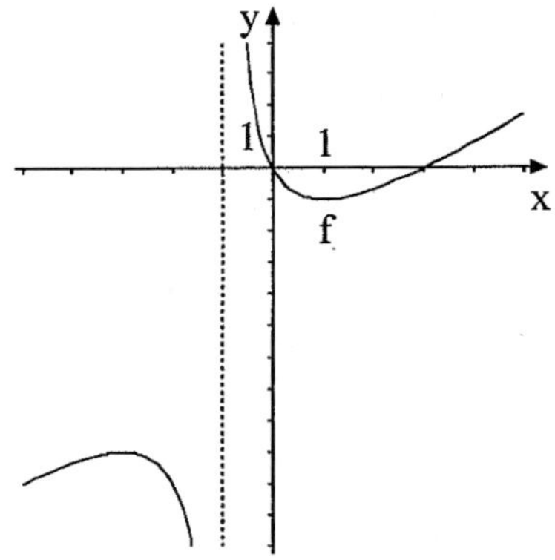

d) $A(x)=x\cdot f(x)=\frac{x^3-3x^2}{x+1}$, $A'(x)=\frac{2x^3-6x}{(x+1)^2}$

$A'(x)=0:\quad x=-\sqrt{3},\quad f(-\sqrt{3})\approx -11{,}20$

Abmessungen: Breite 1732m, Länge 11200m

198 5. a) $D_f:\quad x\in\mathbb{R},\quad x\neq 2$

$x\to 2+:\ f\to\infty,\quad x\to 2-:\ f\to -\infty$

$x\to\pm\infty:\ f\to \frac{1}{2}x$

c)

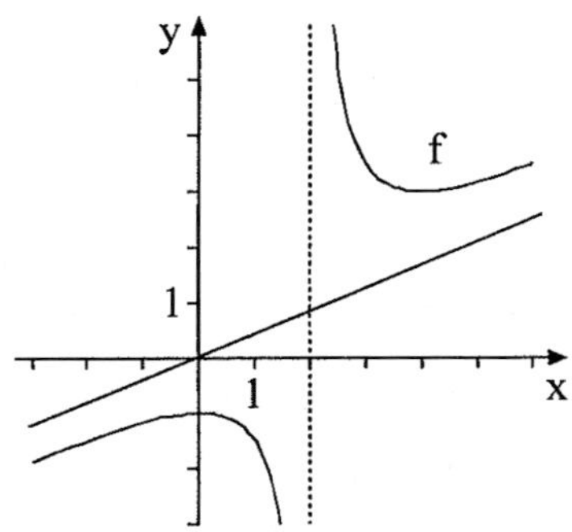

b) $f'(x)=\frac{1}{2}-\frac{2}{(x-2)^2}$, $f''(x)=\frac{4}{(x-2)^3}$

Extrema: $f'(x)=0$ für $x=0$ und $x=4$

$f''(0)=-0{,}5<0$, $H(0|-1)$, $f''(4)=0{,}5>0$, $T(4|3)$

Wendepunkte: keine

d) Ansatz: $t(x)=mx+n$

Wegen $t(0)=8$ gilt $n=8$.

$m=f'(x)=\frac{1}{2}-\frac{2}{(x-2)^2}$

Wegen $t(x)=f(x)$ im Berührpunkt gilt:

$\frac{1}{2}x-\frac{2x}{(x-2)^2}+8=\frac{1}{2}x+\frac{2}{x-2}$, $\quad x^2-\frac{9}{2}x+\frac{9}{2}=0$ mit der Lösung $x=3$ $(x=1{,}5)$, $m=-1{,}5$

Resultat: $t(x)=-1{,}5x+8$

e) Gerade g durch Q senkrecht zu t: $g(x)=\frac{2}{3}x+n$, $\quad Q(1|0):\quad n=-\frac{2}{3}$, $\quad g(x)=\frac{2}{3}x-\frac{2}{3}$

Schnittpunkt von t und g: $S(4|2)$, Abstand: $d=\sqrt{9+4}=\sqrt{13}\approx 3{,}61$

f) $x\to\pm\infty:\ f\to\frac{1}{2}x$

$$A=\int_{e+1}^{2e}\frac{2}{x-e}\,dx=[2\ln(x-e)]_{e+1}^{2e}=2$$

6. a) f ist für $x=0$ nicht definiert.

$x\to 0+:\ f\to -\infty,\quad x\to 0-:\ f\to -\infty$

$x\to\pm\infty:\ f\to 0$

b) $f'(x)=-\frac{2}{x^2}+\frac{2}{x^3}=\frac{2-2x}{x^3}$, $f''(x)=\frac{4}{x^3}-\frac{6}{x^4}$

Extrema: $f'(x)=0$ für $x=1$, $f'(1)=-2<0$, $H(1|1)$

Wendepunkte: $f''(x)=0$ für $x=1{,}5$, $W(1{,}5|\frac{8}{9})$

198

6. c) Ansatz: $g(x) = mx + n$

I. Es gilt $g(x) = f(x)$: $mx = \frac{2}{x} - \frac{1}{x^2}$

II. Es gilt $m = f'(x)$: $m = -\frac{2}{x^2} + \frac{2}{x^3}$, $-\frac{2}{x} + \frac{2}{x^2} = \frac{2}{x} - \frac{1}{x^2}$, $\frac{3}{x^2} = \frac{4}{x}$, $x = \frac{3}{4}$, $y = \frac{8}{9}$

Länge des Zubringers: $d = \sqrt{(\frac{3}{4})^2 + (\frac{8}{9})^2} \approx 1{,}163$

Kosten: 581500 Euro

d) $f_a = f_b$: $\frac{2x-a}{x^2} = \frac{2x-b}{x^2}$ gilt nur für $-a = -b$, $a = b$, d.h. für $a \neq b$

e) $\int_1^2 (\frac{2x-a}{x^2} - \frac{2x-b}{x^2})dx = \int_1^2 \frac{a-b}{x^2} dx = [\frac{a-b}{x}]_1^2 = \frac{b-a}{2} = 2$ d.h. $b = a + 4$

7. a) $f(x) = \frac{2}{x} - \frac{x^3}{x} = \frac{2}{x} - x^2$

f ist für $x = 0$ nicht definiert

$x \to 0+$: $f \to \infty$, $x \to 0-$: $f \to -\infty$

$x \to \pm\infty$: $f \to -x^2$

b) $f'(x) = -\frac{2}{x^2} - 2x$, $f''(x) = \frac{4}{x^3} - 2$, $f'''(x) = -\frac{12}{x^4}$

Extrema: $f'(x) = 0$ für $x = -1$, $f''(-1) = -6 < 0$, $H(-1|-3)$

Wendepunkte: $f''(x) = 0$ für $x = \sqrt[3]{2} \approx 1{,}26$

$f'''(1{,}26) \neq 0$, $W(1{,}26|0{,}96)$

c) $A_1 = \int_{\sqrt[3]{2}}^{3} x^2 dx = [\frac{1}{3}x^3]_{\sqrt[3]{2}}^{3} = 8\frac{1}{3} \approx 8{,}33$, $A_2 = \int_{\sqrt[3]{2}}^{3} \frac{2}{x} dx = [2 \ln x]_{\sqrt[3]{2}}^{3} \approx 1{,}74$

A1 + A2 ist der Inhalt der von $\frac{2}{x}$ und $-x^2$ über $[\sqrt[3]{2};3]$ eingeschlossene Fläche.

d) Ansatz: $t(x) = mx + 2$

I. $mx + 2 = \frac{2}{x} - x^2$

II. $m = -\frac{2}{x^2} - 2x$, $x^2 + \frac{4}{x} - 2 = 0$

Der Berührpunkt liegt im 3. Quadranten, d.h. x ist negativ und muss links vom Hochpunkt also links von -1 liegen. Eine Probe zeigt, dass $x = -2$ gilt.
mit $m = 3{,}5$ folgt $t(x) = 3{,}5x + 2$.

4. Trigonometrische Funktionen

200 1. b) $f'(x) = \pi \cdot \cos(\frac{\pi}{2}x)$, $f'(0) = \pi$, $\alpha \approx 72{,}34°$

also beträgt der Schnittwinkel von f mit der y–Achse 17,66°.
Aus Symmetriegründen ist dies auch der Schnittwinkel von g mit der y–Achse.
Damit beträgt der Schnittwinkel von f und g an dieser Stelle 35,32°.

a)

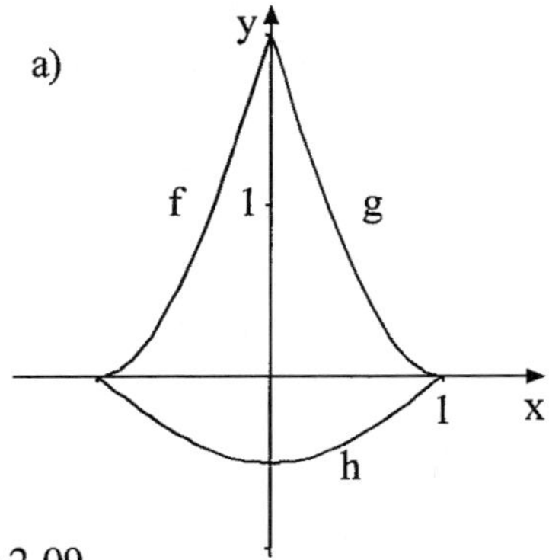

c) $A = 2 \cdot \int_0^1 (g(x) - h(x))dx$

$= 2 \cdot [2x + \frac{4}{\pi} \cdot \cos(\frac{\pi}{2}x) + \frac{1}{\pi}\sin(\frac{\pi}{2}x)]_0^1 = 2(2 + \frac{1}{\pi} - \frac{4}{\pi}) \approx 2{,}09$

d) $f(x) = 0:\ \sin(\frac{\pi}{2}x) = -1$, $x = -1$, $f(0) = a:\ X(-1|0)$, $Y(0|a)$

$g(x) = 0:\ \sin(\frac{\pi}{2}x) = 1$, $x = 1$, $g(0) = a:\ X(1|0)$, $Y(0|a)$

$h(x) = 0:\ \cos(\frac{\pi}{2}x) = 0$, $x = \pm 1$, $h(0) = -\frac{1}{a}:\ X(\pm 1|0)$, $Y(0|-\frac{1}{a})$

$A(a) = \frac{1}{a} + a$, $A'(a) = -\frac{1}{a^2} + 1$, $A'(a) = 0:\ a = 1\ \ (a = -1)$

Für a = 1 wird der Inhalt des Viereck minimal.

2. a) Ansatz: $T(x) = a\sin(b(x+c)) + d$
Dem Graphen entnehmen wir:

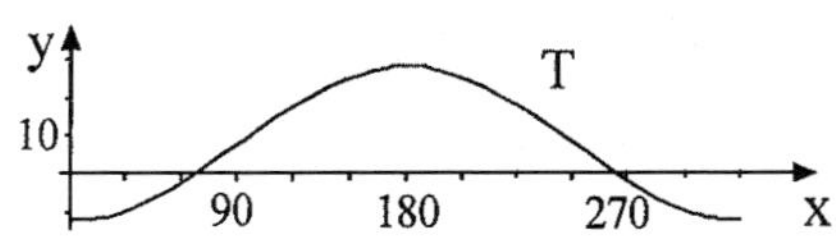

1. Periode: 360, also $b = \frac{\pi}{180}$
2. Amplitude: von –12 bis 28, also a = 20
3. Amplitudenmitte y = 8 bei x = 90,
also x–Verschiebung um 90, y–Verschiebung um 8

Resultat: $T(x) = 20\sin(\frac{\pi}{180}(x-90)) + 8$

b) $20 = 20\sin(\frac{\pi}{180}(x-90)) + 8$, $0{,}64 \approx \frac{\pi}{180}(x-90)$, $x_1 \approx 127$

Das bedeutet, dass vom 127. Tag bis zum 180. Tag die Tagestemperatur von 20° bis auf 28° zunimmt. Das sind 53 Tage. Aus Symmetriegründen folgen dann ebenso viele Tage mit abnehmenden Temperaturen, bis die Temperatur wieder auf 20° gefallen ist.
Resultat: Etwa an 106 Tagen wird die Grenztemperatur überschritten, der Kurort kann in das Programm aufgenommen werden.

c) $T'(x) = \frac{\pi}{9}\cos(\frac{\pi}{180}(x-90))$, $T'(240) \approx -0{,}3$

d) Der Ansatz T '(x) = 1 (bzw. –1) führt zu einem Widerspruch, das heißt, eine solche Temperaturänderung kann es nicht geben.

e) Die mittlere Tagestemperatur beträgt 8°.
Begründung: Der Flächeninhalt zwischen T und y = 8 oberhalb von y = 8 ist ebenso groß wie der unterhalb von y = 8.

3. a) Links der y–Achse: 202
Von P(−5|2) bis Q(0|4) verläuft ein Viertel–Sinusbogen, also ist die Periode 20.
Die Amplitude beträgt 2.
Verschiebung in x–Richtung: −5, in y–Richtung: 2, Resultat: $f(x) = 2\sin(\frac{\pi}{10}(x+5)) + 2$
Rechts der y–Achse:
Von R(4|7) bis S(8|10) verläuft ein Viertel–Sinusbogen, also ist die Periode 16.
Die Amplitude beträgt 3.
Verschiebung in x–Richtung: 4, in y–Richtung: 7, Resultat: $g(x) = 3\sin(\frac{\pi}{8}(x-4)) + 7$

b) Das maximale Gefälle liegt im rechten Wendepunkt W(4|7).
$g'(x) = \frac{3\pi}{8}\cos(\frac{\pi}{8}(x-4))$, $g'(4) = \frac{3\pi}{8} \approx 1{,}18$, $\alpha \approx 50°$ (49,7°)
Durchschnittliches Gefälle: $\frac{\Delta H}{\Delta x} = \frac{10-0}{8-(-10)} = \frac{5}{9} \approx 0{,}56$, $\beta \approx 29{,}1°$

c) $A = \int_{-10}^{0} f(x)dx + \int_0^8 g(x)dx = 20 + 56 = 76$ Die seitliche Verkleidung bietet genügend Platz.

4. a) Periode von f: $p = 4$ 203
Periode von g: $p = 8$
Nullstellen von g:

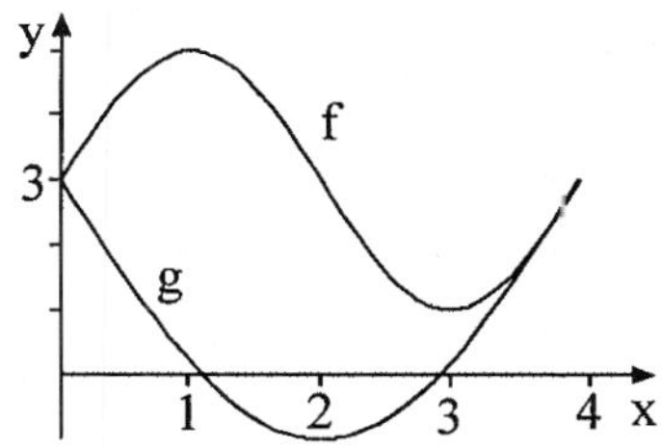

$-4\cdot\sin(\frac{\pi}{4}x) + 3 = 0$, $\sin(\frac{\pi}{4}x) = \frac{3}{4}$

$\frac{\pi}{4}x \approx 0{,}848$, $x_1 \approx 1{,}08$, $x_2 \approx 2{,}92$

Extrema von f:

$f'(x) = \pi\cdot\cos(\frac{\pi}{2}x) = 0$ für $x_1 = 1$, $x_2 = 3$

$f''(x) = -\frac{\pi^2}{2}\cdot\sin(\frac{\pi}{2}x)$, $f''(1) = -\frac{\pi^2}{2}$, $f''(3) = \frac{\pi^2}{2}$, H(1|5), T(3|1)

b) $f'(0) = \pi$, $\alpha \approx 72{,}34°$

$\alpha = 45° \Rightarrow f'(x) = 1 = \pi\cdot\cos(\frac{\pi}{2}x)$, $\frac{1}{\pi} = \cos(\frac{\pi}{2}x)$, $\frac{\pi}{2}x \approx 1{,}247$, $x \approx 0{,}79$

Bei x = 0 beträgt der Steigungswinkel von f ca. 72,34°. Mit wachsenden x-Werten fällt er und hat bei x = 0,79 erstmals den Wert von 45° erreicht.

c) $A = \int_0^4 (f(x) - g(x))dx = [-\frac{4}{\pi}\cos(\frac{\pi}{2}x) - \frac{16}{\pi}\cos(\frac{\pi}{4}x)]_0^4 = \frac{32}{\pi} \approx 10{,}19\text{cm}^2$

d) Hochpunkt von f: $f'(x) = 0$: $x = 1$, H(1|5)
Tiefpunkt von g: $g'(x) = 0$: $x = 2$, T(2|−1), $h(x) = -6x + 11$

$A_1 = \int_0^1 (f(x) - g(x))dx + \int_1^2 (h(x) - g(x))dx$

$= [-\frac{4}{\pi}\cos(\frac{\pi}{2}x) - \frac{16}{\pi}\cos(\frac{\pi}{4}x)]_0^1 + [-3x^2 + 8x - \frac{16}{\pi}\cos(\frac{\pi}{4}x)]_1^2 \approx 2{,}76 + 2{,}60 = 5{,}36$

$A_2 = \int_1^2 (f(x) - h(x))dx + \int_4^2 (f(x) - g(x))dx$

$= [-\frac{4}{\pi}\cos(\frac{\pi}{2}x) - 8x + 3x^2]_1^2 + [-\frac{4}{\pi}\cos(\frac{\pi}{2}x) - \frac{16}{\pi}\cos(\frac{\pi}{4}x)]_2^4 \approx 2{,}27 + 2{,}55 = 4{,}82$

Probe: $A_1 + A_2 = 10{,}18$; Resultat: Die Gerade h halbiert die Logofläche nicht.

203

5. a) Hebung um 1, Periode 6, also $a = 1$, $b = \frac{\pi}{3}$, $f(x) = 1 + \cos(\frac{\pi}{3}x)$

b) Die größte Steigung ist im Wendepunkt.

$f'(x) = -\frac{\pi}{3}\sin(\frac{\pi}{3}x)$, $f''(x) = -\frac{\pi^2}{9}\cos(\frac{\pi}{3}x)$

$f''(x) = 0$: $x = -1{,}5$, $f'(-1{,}5) = \frac{\pi}{3} \approx 1{,}05$ Die maximale Steigung beträgt ca. 1,05.

Durchschnittliche Steigung: $\frac{\Delta f}{\Delta x} = \frac{2-0}{3} = \frac{2}{3} \approx 0{,}67$

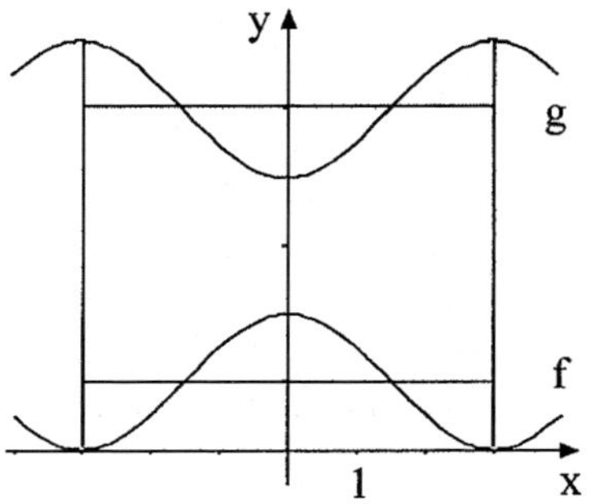

c) $A = 2\int_0^3 f(x)dx = 2[\frac{3}{\pi}\sin(\frac{\pi}{3}x) + x]_0^3 = 6$

d) $g(x) = -\cos(\frac{\pi}{3}x) + 5$

e) 1. Möglichkeit:

$A = 2\int_0^3 (g(x) - f(x))dx = 2[-\frac{6}{\pi}\sin(\frac{\pi}{3}x) + 4x]_0^3 = 24$

2. Möglichkeit:
Die Teilflächen oberhalb von $y = 5$ ergeben exakt die Teilfläche unterhalb von $y = 5$.
Analog ergeben die Teilflächen unterhalb von $y = 1$ die Teilfläche oberhalb von $y = 1$.
Das so entstandene Rechteck hat den Inhalt $A = 6 \cdot 4 = 24$.

6. a) $f'(x) = 1 - 2\sin x$, $f''(x) = -2\cos x$, $f'''(x) = 2\sin x$

Extrema: $f'(x) = 0$: $x_1 \approx 0{,}52$, $x_2 = \pi - x_1 \approx 2{,}62$

$f''(0{,}52) \approx -1{,}74 < 0$, $H(0{,}52 \mid 2{,}26)$, $f''(2{,}62) \approx 1{,}73 > 0$, $T(2{,}62 \mid 0{,}89)$

Wendepunkte: $f''(x) = 0$: $x_1 = \frac{\pi}{2}$, $x_2 = \frac{3}{2}\pi$

$f'''(\frac{\pi}{2}) = 2 \neq 0$, $W_1(\frac{\pi}{2} \mid \frac{\pi}{2})$, $f'''(\frac{3}{2}\pi) = -2 \neq 0$, $W_2(\frac{3}{2}\pi \mid \frac{3}{2}\pi)$

c) Ansatz: $t(x) = mx + n$, $m = f'(\frac{\pi}{2}) = -1$

Punktprobe mit $P(\frac{\pi}{2} \mid \frac{\pi}{2})$:

$\frac{\pi}{2} = -\frac{\pi}{2} + n$, $n = \pi$, $t(x) = -x + \pi$

b)

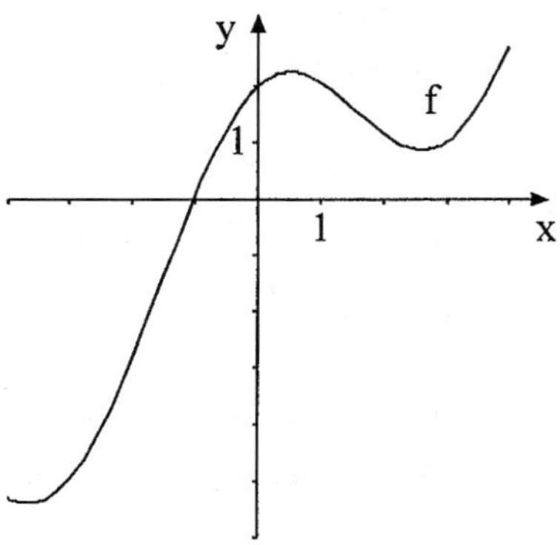

d) $A = \int_0^{\pi/2} f(x)dx + \int_{\pi/2}^{\pi} t(x)dx$

$= [\frac{1}{2}x^2 + 2\sin x]_0^{\pi/2} + [-\frac{1}{2}x^2 + \pi x]_{\pi/2}^{\pi}$

$= 2 + \frac{\pi^2}{4} \approx 4{,}47$

e) $s = \int_0^{120} v(t)dt = [t + \frac{15}{2\pi}\cos(\frac{\pi}{30}t)]_0^{120} = 120$

f) $f'(x) = 1 - a\sin x$, $f'(x) = 0$: $-1 \leq \sin x = \frac{1}{a} \leq 1$ gilt für $|a| \geq 1$

7. a) $f(x) = ax^2 + b$, $f'(x) = 2ax$ 204

I. $f(2) = 0$: $0 = 4a + b$

II. $f'(2) = 0{,}5$: $0{,}5 = 4a$, $a = \frac{1}{8}$, $b = -0{,}5$, $f(x) = \frac{1}{8}x^2 - 0{,}5$

$g(x) = a \cdot e^{-x^2}$, $g'(x) = -2ax \cdot e^{-x^2}$

I. $g(2) = 0$: $0 = ae^{-4} + b$

II. $g'(2) = 0{,}5$: $0{,}5 = -4ae^{-4}$, $a = -\frac{e^4}{8}$, $b = \frac{1}{8}$, $g(x) = \frac{1}{8}(1 - e^{4-x^2})$

b) Es gilt: $m_{AB} = -m_{CD}$
Dies ist wegen
$f'(x) = -f'(-x)$
$g'(x) = -g'(-x)$ gesichert.

c) Die Entscheidung sollte für die Variante f fallen, da das fehlende Stück zwischen B und C dann am kürzesten ist. Das minimiert den Materialbedarf.

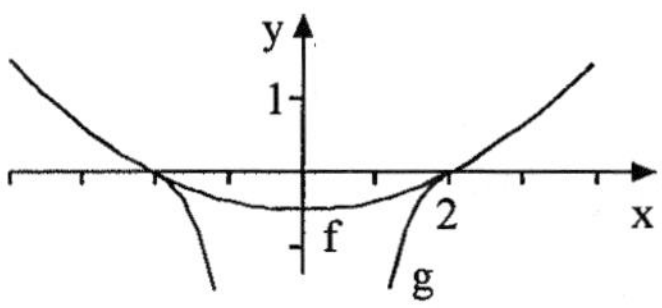

8. a) $f(x) = 4 \cdot \sin(\frac{\pi}{20}(x - 10)) + 4$

b) $g(x) = ax^3 + bx^2 + cx + d$, $g'(x) = 3ax^2 + 2bx + c$

I. $f(0) = 0$: $d = 0$

II. $f'(0) = 0$: $c = 0$

III. $f(20) = 8$: $8 = 8000a + 400b$

IV. $f'(20) = 0$: $0 = 1200a + 40b$, $8 = -4000a$, $a = -\frac{1}{500}$, $b = \frac{3}{50}$

$g(x) = -\frac{1}{500}x^3 + \frac{3}{50}x^2$

c) Der stärkste Anstieg ist jeweils im Wendepunkt.

$f'(x) = \frac{4\pi}{20} \cdot \cos(\frac{\pi}{20}(x - 10))$, $f''(x) = -\frac{\pi^2}{100} \cdot \sin(\frac{\pi}{20}(x - 10))$

$f''(x) = 0$: $\sin(\frac{\pi}{20}(x - 10))$, $x = 10$, $f'(10) = \frac{4\pi}{20} \approx 0{,}63$

$g'(x) = -\frac{3}{500}x^2 + \frac{6}{50}x$, $g''(x) = -\frac{6}{500}x + \frac{6}{50}$, $g''(x) = 0$, $x = 10$, $g'(10) = 0{,}6$

d) Berechnung der Querschnittsflächen:

$$A_f = \int_0^{20} f(x)dx = [-\frac{80}{\pi}\cos(\frac{\pi}{20}(x - 10)) + 4x]_0^{20} = 80$$

alternativ: Fläche längs $y = 4$ zerschneiden und zu einem Rechteck zusammenfügen.

Dann gilt $A_f = 20 \cdot 4 = 80$

$$A_g = \int_0^{20} g(x)dx = [-\frac{1}{2000}x^4 + \frac{1}{50}x^3]_0^{20} = 80$$

Der Sandbedarf ist in beiden Fällen gleich groß.

204

e) $h_1(x) = e^{ax} - b$

I. $h_1(0) = 0$: $0 = 1 - b$, $b = 1$

II. $h_1(10) = 4$: $4 = e^{10a} - 1$, $a = \frac{\ln 5}{10} \approx 0{,}16$, $h_1(x) = e^{0{,}16x} + 1$

$h_2(x) = 10 - c \cdot e^{-dx}$

I. $h_2(10) = 4$ $4 = 10 - c \cdot e^{-10d}$, $c = 6 \cdot e^{10d}$

II. $h_2(20) = 8$ $8 = 10 - c \cdot e^{-20d}$, $8 = 10 - 6 \cdot e^{-10d}$, $d = \frac{\ln\frac{1}{3}}{-10} \approx 0{,}11$

$h_2(x) = 10 - 18 \cdot e^{-0{,}11x}$

f) $h_1'(x) = 0{,}16 \cdot e^{0{,}16x}$, $h_2'(x) = 1{,}98 \cdot e^{-0{,}11x}$

$h_1'(0) = 0{,}16$, $\alpha \approx 9{,}1°$

$$\left.\begin{array}{l} h_1'(10) = 0{,}16 \cdot e^{1{,}6} \approx 0{,}79, \quad \alpha_1 \approx 38{,}4° \\ h_2'(10) = 1{,}98 \cdot e^{-0{,}11} \approx 0{,}66, \quad \alpha_2 \approx 33{,}4° \end{array}\right\} \alpha \approx 5°$$

$h_2'(20) = 1{,}98 \cdot e^{-2{,}2} \approx 0{,}22$, $\alpha \approx 12{,}4°$

Die Bedingung ist in den Punkten A und B erfüllt aber nicht im Punkt C.